JISを背景とした
段ボール包装の変遷

五十嵐 清一 著

書評「レジェンドからの贈り物」

本書は、4代（大正・昭和・平成・令和）を生きてこられた、まさに輸送包装界のレジェンド・五十嵐清一氏からの贈り物です。氏が卒寿の年に「段ボール箱圧縮強さの解析と実務」を刊行され、その本をプレゼントとしていただきました。その際、既に本書の構想をお聞かせいただき、本書が出来上がることを心待ちにしていました。

「暗黙知」と「形式知」について、いろいろな機会に触れていますが、輸送包装に限らず、多くの技術分野において世代交代が急激に進みつつある昨今、ベテラン技術者の中にある「暗黙知」が静かに消えつつあります。「学」の立場にある者として、「暗黙知」を「形式知」として残していく方法の一つとして、「暗黙知」の内容を「研究テーマ」に落とし込み、研究成果を論文化しつつ大学院生を育て、技術者として社会に送り出すことを続けているつもりです。一方、五十嵐氏は、高度成長期が始まる前から一貫して段ボール技術分野のトップランナーとして駆け抜けてこられ、その技術をJIS化していく活動と関連参考書・教科書のご執筆を丹念に続けておられます。小生を含め、段ボール技術を学ぼうとするとき、五十嵐氏の著書を開いたことのない人はおそらく皆無ですし、五十嵐氏が中心に作り上げてこられた、多くの関連JISには毎日のようにお世話になっています。

本書の中身を拝見すると、行間にこそ！ 興味がそそられます。そこここには、五十嵐氏がたどってきた多くのご経験談が紹介されています。法然上人「一枚起請文」の中にある「一文不知」のごとく、技術先進国から一心不乱に技術を吸収し、高度成長期を支えた「日本の段ボール技術」を先導されてこられたことがよく理解できます。「温故知新」とはよく言ったものです。小生を含めこれからの段ボール・輸送包装技術者は、五十嵐氏のようなスピリットを持っているのでしょうか？ 本書は、五十嵐氏からの贈り物であり、五十嵐氏とともに次代を生きる我々若輩者のへの「喝！」なのだと思います。

神戸大学　斎藤 勝彦

発刊に当たって

我が国の段ボール産業は、創業以来、既に100年を超えるという輝かしい歴史を作ってきた。

そして、今もなお伸長が続いていることは大慶の至りである。顧みると、私がこの業界にお世話になったのは昭和29年秋のことであったので、ちょうど段ボール産業が本格的な発展期を迎えようとしていた時期であった。その頃の社会情勢は、終戦により家屋を建設するのに多くの森林が伐採され森は荒廃していたために、森林を回復する必要性が叫ばれており、国としても「森林法」の改正が行われるなど国を挙げた取り組みが進められたこともあり、木材価格が急騰し当時使用されていた木箱から段ボール箱への転換の好機に恵まれていたといえる。

そんな中で、昭和28年には業界全体の技術を検討する目的で「段ボール技術委員会」が結成された。私が技術委員会を主催するようになったのは昭和40年ごろと記憶しているが、爾来二十数年間その活動を続けてきた。

当会で検討をしてきた内容は、主として業界全体の問題として検討しなければならない技術的事項、例えば「接着剤」「反り」「インキ」などの研究や標準化をはじめ、各種マシンや装置などの将来に向けた検討、更に品質保証に必要な試験法のJIS、業界規格の改訂や作成などを行ってきた。

2018年の夏、私が尊敬している神戸大学の斎藤教授にお会いする機会を得た折に、話の中で私の業界活動を通して体験したことをまとめてみてはどうかと勧められ、発刊する決意をした次第である。

いささか私の自慢話的な部分が有るかもしれないが、業界活動は会員の皆さんの同意を得て進められてゆくものであり、特にJIS作成に参画された方々の昔日の顔を一人ひとり思い浮かべながら思いを込めまとめてみた。

「温故知新」という言葉があるように、この書が次の新しい段ボール技術の発展につながることを期待したい。

五十嵐 清一

目　次

第1章　原紙

第2章　段ボール

第3章　段ボール箱

第4章　段ボール包装の変遷

第1章
原紙

第1章　原紙

段ボールの原材料は100%紙であるから、一般の紙について比較してみて知識を深めるのも大切なことと考える。

1　紙（Paper）の起源と変遷

1.1　紙の起源とPaperの語源

紙は今から4000年ほど前、エジプトのナイル河畔に繁茂していたパピルス(Papyrus) という葦によく似た草を原料として作られたのが始まりといわれており、今日の英語の「Paper」の語源になっている。

もちろん、現在我々が想像している紙とは異なり、図1-1に示すようにパピルスの茎を単に縦横交互に並べて作られたものに過ぎなかったと想像される。

図1-1　パピルスの作り方

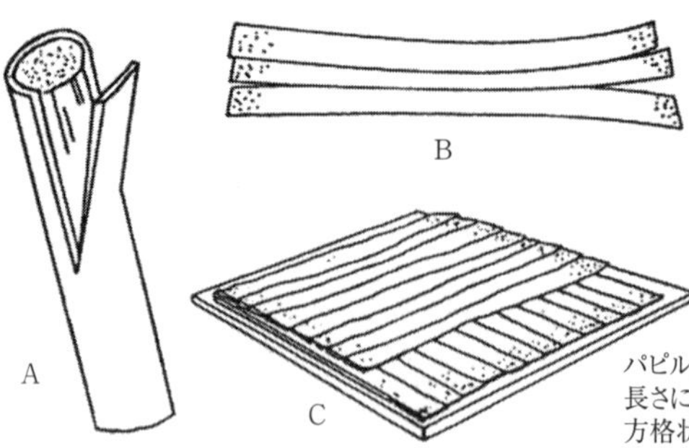

A

B

C

パピルス(Papyrus)の髄を30～50㎝の長さに切断し(A)、薄片をとり(B)、方格状に重ね合わせてシートを作る(C)

1.2　和紙の起源

図1-2
初めて紙を作ったといわれる蔡倫
（紙の博物館所蔵）

本格的に紙らしいものが作られたのは、今から2100年ほど前、中国の周王朝時代に図1-2に示す蔡倫によって手漉き法による抄紙技術が開発された。

その原料は図1-3に示す楮（こうぞ）、三椏（みつまた）、雁皮（がんぴ）などの繊維で、トロロ葵の根が膠（こう）着材として用いられた。

図1-3　和紙の原料

こうぞ

みつまた

がんぴ

和紙の抄紙技術が日本に伝えられたのは、西暦610年に推古天皇の御代に高句麗の僧「曇徴」によるものと伝えられている。

そして我が国で作られた和紙は、歴史的な記録を今も我々に伝えている。

1.3　洋紙の起源

洋紙は1800年初旬のイギリスで、フォードリニヤー兄弟によって開発された長網抄紙機で本格的に工業生産されたのが始まりである。

当時の抄紙機の紙幅は1.35m、スピードは16.25m/分程度であったといわれている。

洋紙が我が国に導入されたのは1875年、網幅78インチの長網抄紙機を輸入して本格的な工業生産が始まった。

その後、明治12年には丸網抄紙機、同13年には広幅の長網抄紙機の開発によって洋紙の生産体制が整っていった。

洋紙の原料は木材繊維であり、木材がパルプになることを初めて見出したのは、フランスの博物学者レオミュールであるといわれている。

1.4　紙の定義

JISでは、紙とは「植物繊維その他の繊維を膠着させて製造したもの」と定義している。

ここに「膠着」の意味を広辞苑で調べてみると、「膠（にかわ）で付けたように、ねばりつくこと。ある状態が固定して、動かないこと。」と訳してある。

これは非常に大きな意味を持ち、紙を使用後に水の中で攪拌すると再び紙が分解して繊維に戻るという奇妙な特質であるといえる。

1.5　紙の基本的特色「3W」

実用上、長い歴史を持つ紙の基本特性を英語で表してみると次のようになる。

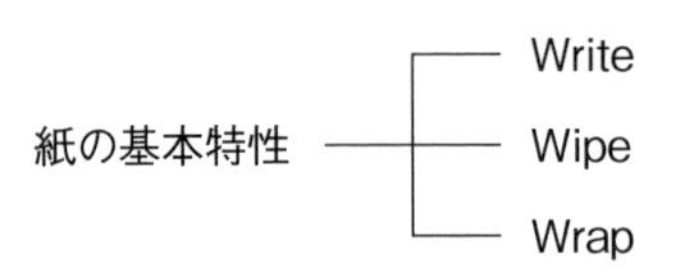

Writeは、古くは文字や絵を書くのを主体に用いられ、その後は印刷することによって情報の記録や宣伝の媒体としての機能を発揮しているが、次に示

すWipeとの関連性も深い特質といえる。

Wipeは、液体、特に水を吸収する機能が顕著で、古くからトイレットペーパーやティシュペーパーなどの吸水性を強く必要する用途に、その特性が利用されている。

Wrapは、繊維は耐折性があり、かつ剛性が強いので、物を包む包装紙や別の加工を施すことにより袋や箱として種々の商品を包装するのに非常に適している。

特に、段ボール箱の製造にはこれらの特性が随所に生かされていることが分かるが、更に段ボール包装の分野においても活用されている。

1.6　紙の区分と原紙の位置付け

現在使用されている紙の種類は数えきれないくらいあるが、次のように大別できる。

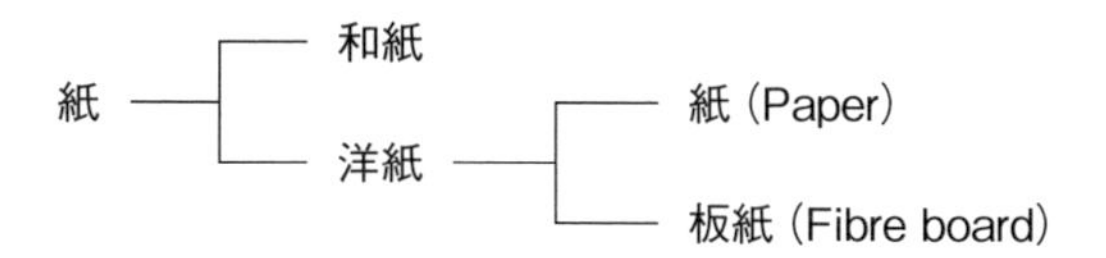

段ボールの製造に使用される原紙は板紙に属するが、一体、紙と板紙はどのようにして区分されるだろうか。

区分方法は、国によって多少の違いはあるが、我が国では坪量と厚さにより次のように分けている。

すなわち、「坪量が100g/㎡以上である」か「厚さが0.3m/m以上である」か、いずれかがこの範疇に入れば板紙に属することになるので、原紙は板紙ということになる。

2 原紙 (Fibre board)

段ボールを作るのに用いられる紙を総称して原紙と言うが、それでは原紙を世界的にみて評価してみると、次のごとくである。

2017年の世界の紙の生産量は約3億トンで、日本は2658万トンで世界3位であるが、その中で原紙として使われたのは920万トン。日本の紙の全生産量の約1/3に当たる。

この数値は、我々が食べるお米の量が年間約800万トンであるから、段ボールに使われる紙の量がいかに多いかが想像できる。

図1-4　原紙の繊維配向状態の鳥瞰拡大図

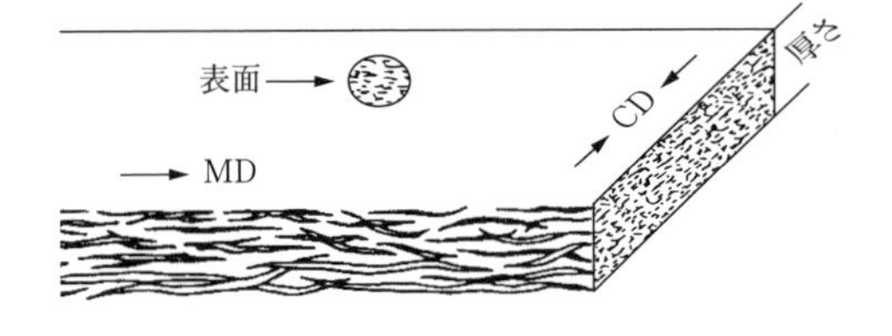

写真1-1　原紙表面の電子顕微鏡写真

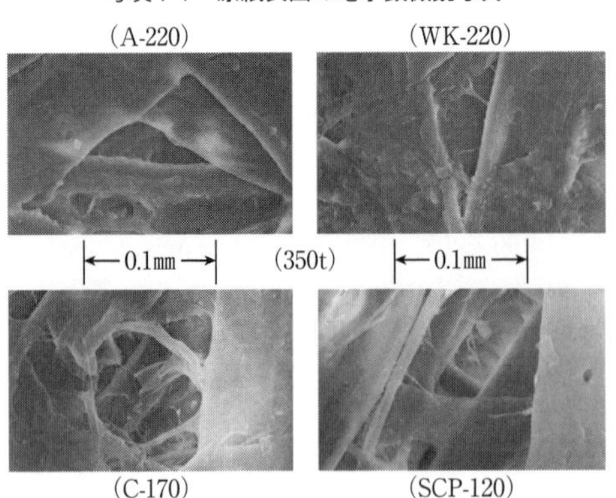

原紙を構成している繊維がどんな状態になっているか、分かりやすく表してみると図1-4に示すように、繊維の配列は抄紙機方向に綺麗に並んでいることが理解できる。

従って、原紙には方向性ができ、繊維の流れ方向を縦方向 (MD)、それと直角方向を横方向 (CD) となり、強度も異なる。

また、繊維の絡み合い現象によって針の先端ほどの空隙ができるが、その穴の状態を表面顕微鏡で350倍に拡大すると写真1-1に示すようになる。その穴は、原紙の表面から裏面まで曲がりくねってつながっているので、空気や湿気を通過させてしまうため、段ボールの製造過程で色々な影響が生ずることになる。

2.1　ライナ

ライナは図1-5に示すように、段ボールを作る場合にフラット状に用いられ、段ボールの表裏になるので美的要素も要求される。

図1-5　段ボールの基本構造

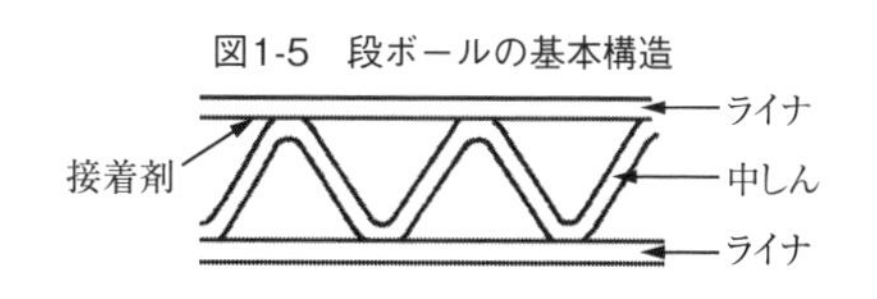

ライナの種類には、内装用と外装用とがあるが、ここでは外装用ライナのみについて述べる。

ライナの性能は、国内の物流条件に耐えられることを考慮して表1-1に示したように、JIS P 3902に規定されている。

表1-1　段ボールライナ（JIS P 3902）

種類		性能			
級	表示坪量 g/㎡	坪量許容差 %	ISO圧縮強さ（横） kN/m	破裂強さ kPa	水分（リール巻取り時） %
LA	180	表示坪量±3	1.77以上	522以上	7.5±1.5
	220		2.31以上	616以上	
	280		3.31以上	756以上	
LB	170		1.51以上	459以上	
	180		1.59以上	486以上	
	210		2.07以上	546以上	
	220		2.17以上	572以上	
	280		2.94以上	700以上	
LC	160		1.21以上	288以上	
	170		1.29以上	306以上	
	210		1.59以上	378以上	

JISには、これらの性能を保証するために使用するパルプについては規定していないが､常識的にはKP（クラフトパルプ）の使用量と坪量に比例して性能が高くなる傾向を示す。

以下に規格化されている各項目についての重要ポイントを述べる。

2.1.1 JISに規格化されているライナの性能

(1) 表示坪量とC-5、B-6との関係

坪量とは、ライナの単位面積当たりの質量、原紙の厚薄を示す数値で、1平方メートル当たりの質量をグラム数で示す。

「C-5、B-6の意味は何か」

現在でもなお取引上で「C-5の160、170」あるいは「B-6の220」などの表現が使われていることを耳にするが、本当の意味は何か説明してみる。

本当の意味は、1891年（明治24年）に制定された尺貫法で使用されていた匁（もんめ）／尺平方で表されるが、既に1951年に計量法の制定によって廃止されている消滅した単位である。

ちなみにC-5、B-6をメートル法に換算してみると次のようになる。

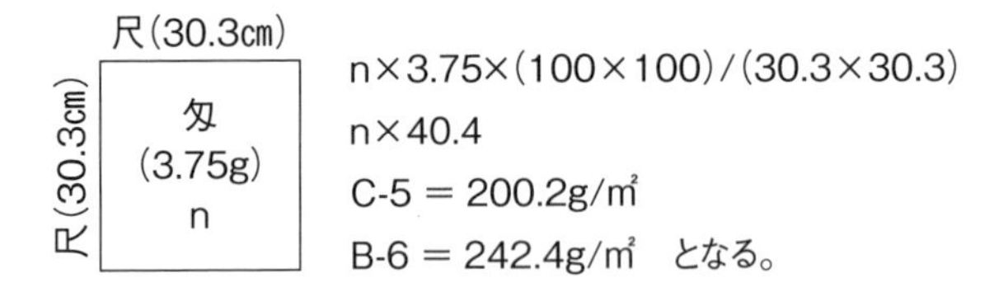

(2) 圧縮強さ

ライナの圧縮強さは、段ボール箱の圧縮強さを構成する最も重要な性能の一つであるといえる。

ライナと中しんの圧縮強さが分かれば、かの著名な「ケリカットの計算式」で我々が作ろうとする段ボール箱の圧縮強さを事前に予測できるため、我が国では多用されている。

従って、予測値をできるだけ正確に求めるには、常に使用する全ての原紙の圧縮強さを把握していなければならない。

圧縮強さの試験方法は、JIS P 8126「板紙の圧縮強さ試験方法」に決められているが、図1-6に示すように試験片を支持具に差し込んで円形にして行うので「リングクラッシュテスト (R.C.T)」とも呼ばれており、加圧により原紙が座屈した時の値を (N) で表す。

図1-6　リングクラッシュ試験

R.C.T
(Ring Crush Test)
Sample size = 152.4 × 12.7㎜ (6" × 1/2")

試験片支持具　単位㎜
可動加圧板
内枠B
試験片
12.7±0.08
6.35±0.08
φ50.00±0.08
外枠A
差し込み溝
円形溝
(円形溝の断面)

この試験には、次に示す三つの重要なポイントがある。

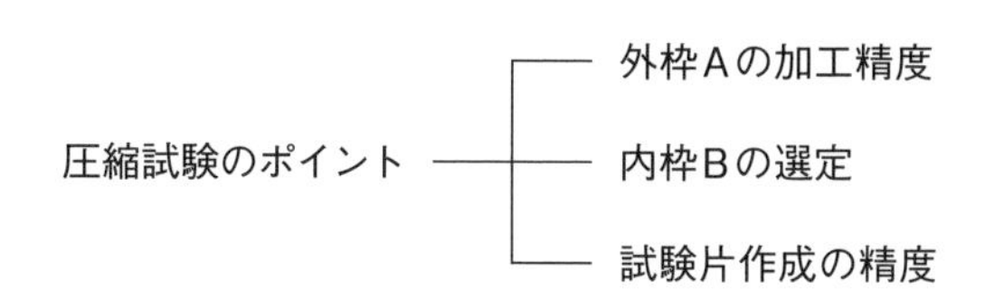

まず支持具Aは図1-7に示すように試験片溝が直角に加工されているか否か、そして次に内枠Bは試験片の厚さに可能な限り近いものが選定されているか否か、必ず確認することが大切である。

図1-7　試験片支持具の状態

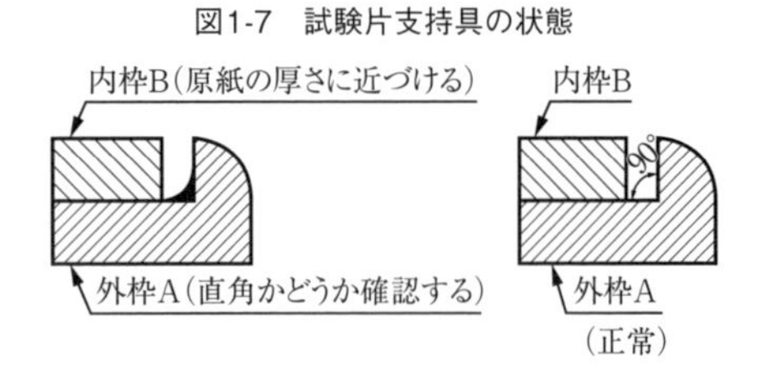

三番目に大事なことは正確な試験片を作成することであり、原紙の流れ方向すなわち横方向に正確に採取しなければならない。

段ボールを作るために使用する原紙の方向は､残念ながら一番弱い横方向だからである。

ちなみに、試験片の採取角度を変えて圧縮強さを測定した結果を図1-8に示すが、繊維の配列がいかに大きな影響を及ぼすかが理解できる。

図1-8　繊維配列とリングクラッシュ値

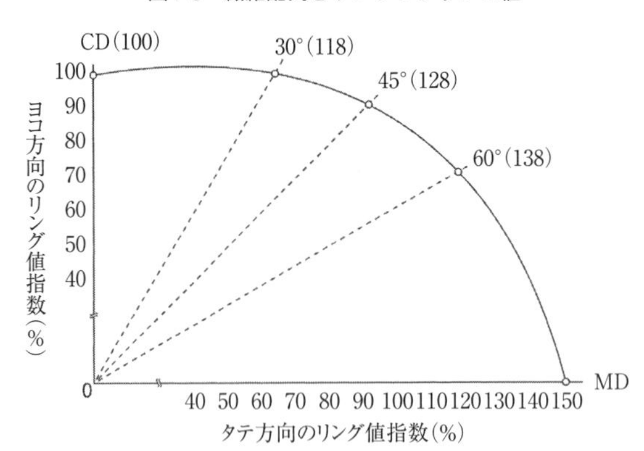

(3) 破裂強さ

破裂強さは、紙の総合的な性能を評価することが可能なので、単にライナに限らず一般の紙の試験として広く用いられている。

特に、段ボールの規格と連動しているので、段ボールメーカーとしては非常に大事な性能になる。

破裂強さの試験方法は、JIS P 8131「紙および板紙のミューレン高圧形試験機による破裂強さ試験方法」に規定されているが、この試験のメカニズムは、図1-9に示すように規定されたゴム膜をグリセリン溶液で押し上げてライナを破る抵抗値を測定し、キロパスカル (kPa) で表す。

図1-9　破裂強さ試験

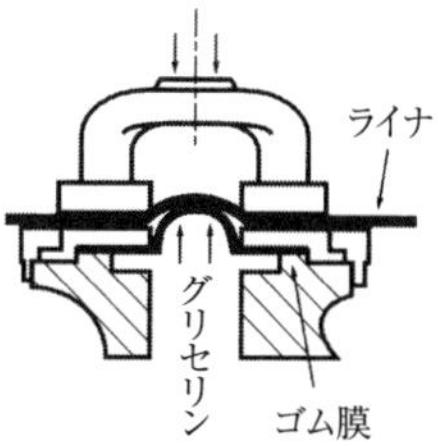

ライナ
グリセリン
ゴム膜

破裂試験後のライナの状態は図1-10に示すようにH字状になるが、これはライナの配向性によるもので、MD方向の伸びは小さく、CD方向の伸びは大きいため、必然的にこのような形状が形成されることになるのは当然であると理解できる。

図1-10
破裂強さ試験面による縦横の判別

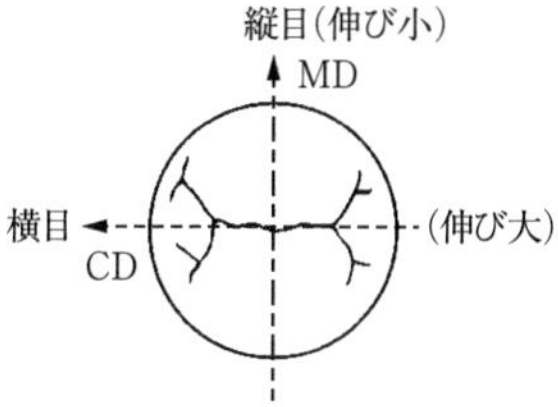

縦目（伸び小）
MD
横目
CD
（伸び大）

破裂試験の重要なポイントはゴム膜の形状と性能によるが、JISでは図1-11に示すように規定されている。

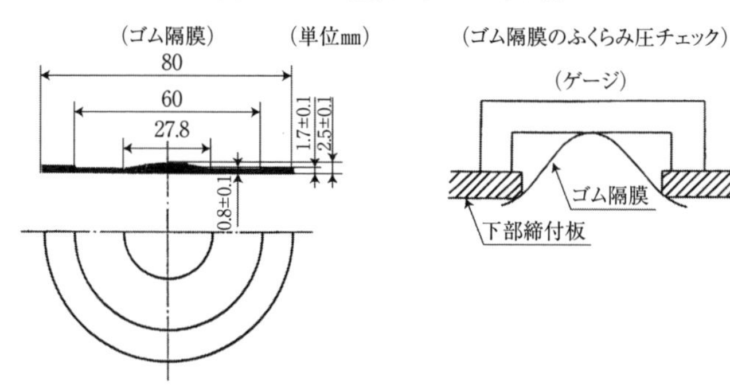

図1-11　ゴム隔膜とそのチェック法

「全国段ボール工業組合連合会（全段連）技術委員会」は、段ボールメーカーが当時使用していたゴム膜と裂強さ試験結果について調査を行った結果、ゴム膜を統一して試験結果の精度を高める必要性を痛感し、作成を明治ゴム㈱1社に依頼することにした。

そして、そのゴム膜は全段連の事務局に保管してもらい、いつでも必要なときに入手できるようにした。

2.2　中しん

中しんは図1-5に示したように、段ボールを構造体として作るため無理に段成型されるという、ライナとは全く異なった性能が要求される。

そして段ボールが作り上げられたときに、昔からよく用いられてきた指圧により、その段ボールが固いとか、柔らかいとか言われる根源は中しんの性能にあるといえる。

従って、強い段ボールを作る場合に中しんは、平面的な性能（フラットクラッシュ強さ）と立体的な性能（垂直圧縮強さ）とが要求され、JIS P 3904「段

表1-2　段ボール中しん原紙（JIS P 3904）

種類		性能			
級	表示坪量 g/㎡	坪量許容差 %	ISO圧縮強さ（横） kN/m	引張強さ（縦） kN/m	水分（リール巻取り時） %
MA	160	表示坪量±3	1.63以上	8.0以上	8.0±1.5
	180		2.01以上	9.0以上	
	200		2.43以上	10.0以上	
MB	120		0.91以上	4.8以上	
	125		0.94以上	5.0以上	
	160		1.42以上	6.4以上	
	180		1.59以上	7.2以上	
MC	115		0.72以上	3.5以上	
	120		0.75以上	3.6以上	
	160		1.21以上	4.8以上	

ボール中しん原紙」には表1-2のように性能が規定されている。

JISには、これらの品質を保証するのに必要な使用パルプは規定していないが、常識的にSCP（セミケミカルパルプ）の使用量と坪量に比例して、その性能は高くなる傾向を示す。

以下に、規格化されている項目の内ライナと重複しない項目について重点的に述べる。

2.2.1　JISに規格化されている中しんの性能

(1) 坪量

坪量についての考え方はライナと同じであるが、その使用目的は段成型をするためライナと異なり軽量であり、一般的に使用されている坪量は120g/㎡前後が中心になっているが、JISでは坪量のバラツキの許容差は±3%になっている。

ちなみに、一例を計算してみると次のようになる。

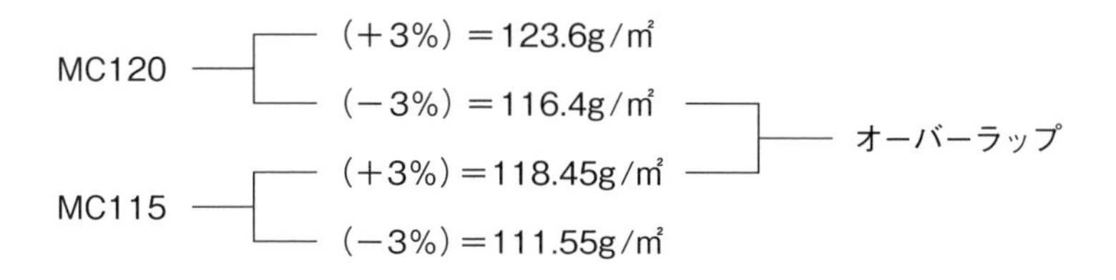

坪量が接近すると、わずかではあるが最大値と最小値が重複することが分かり、実用上判別がつきにくくなるのではないかという疑問を感ずる。

(2) 圧縮強さ

圧縮強さについては、ライナと同じであるので説明は省略する。

⑶ 引っ張り強さ

中しんの引っ張り強さは、段ボール製造時に段成型をするためにライナより50％くらい長く、早く引っ張られることに加え軽量であるために切断しやすいので規格化されている。

以前は「裂断長」で規格化されていたが、引っ張り強さに変更されたのは実用的であり分かりやすくなった。

ちなみに「裂断長」とは、「紙を高い所からぶら下げていった時、紙の自重で切れる長さ」のことである。

引っ張り強さの試験方法はJIS P 8113「紙および板紙の縦方向の引っ張り強さ試験方法」に規定されているが、図1-12に示すように、幅15㎜に切断した試験片を上下のチャックで固定して引っ張り、破断した時の強度をkN/mで表すが、同時に破断時の伸びも測定できる。

図には、中しんの平均的なタテ／ヨコ方向の引っ張り強さと伸びの関係について示したが、タテ方向は強いが伸びが少なく、ヨコ方向は弱いが伸びが大きいという繊維配列が表れていることが分かる。

図1-12　破断時のエネルギー吸収量

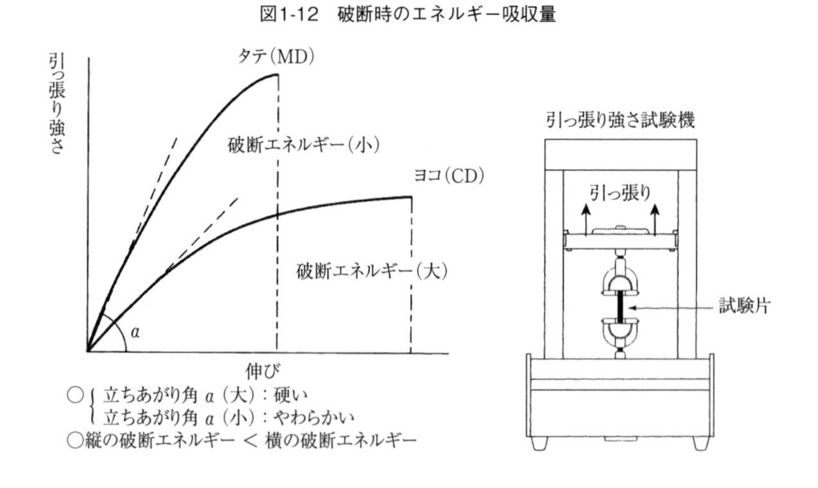

(4) 今後に期待される中しんの特性(C.M.T)

ライナおよび中しんの圧縮強さの規格化は、段ボール箱の圧縮強さをケリカット式によって算出できるという意義ある規格といえるが、中しんには段ボールを平面構造的に支えるという大役を持ちながら、何らの規格が無いというのは寂しい限りである。

既にアメリカでは、図1-13に示すようなコンコーラ・メジウム・試験機(C.M.T)が開発され、その測定値から事前に段ボールの平面圧縮強さを算出できる計算式もできて活用されているので、我が国でも早急にこの実現が望まれる。

中しんのC.M.T値が分かれば、図1-14に示す計算式により計算することができる。

図1-13　C.M.T試験片の作成方法

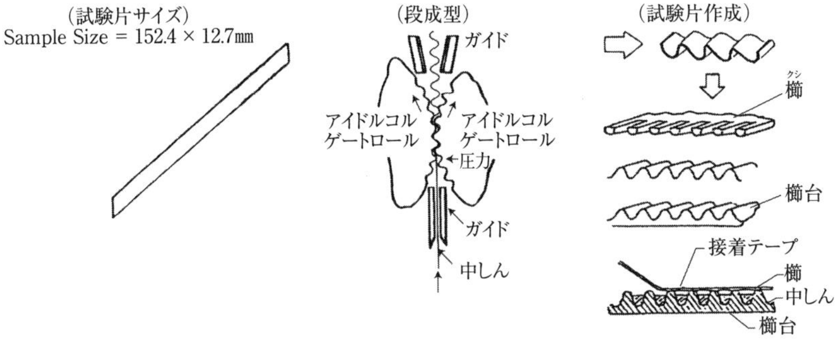

(試験片サイズ)
Sample Size = 152.4 × 12.7㎜
(段成型)
ガイド
アイドルコルゲートロール
アイドルコルゲートロール
圧力
ガイド
中しん
(試験片作成)
クシ
櫛
櫛台
接着テープ
櫛
中しん
櫛台

図1-14　中しんのC.M.Tからフラットクラッシュ強さの計算

(中しんのC.M.T)
A-F/10in² = 44.86 + 4.14 × C.M.T
B-F/10in² = 53.17 + 6.53 × C.M.T
C-F/10in² = 50.00 + 5.29 × C.M.T
(フラットクラッシュ強さ)
64.5㎠

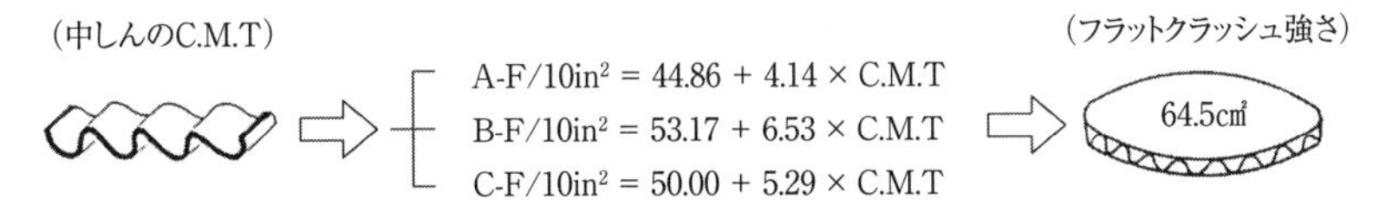

例題　B-120、C.M.T153Nの中しんを使用してAフルートの段ボールを作った場合の段ボールのフラットクラッシュ(64.5)を計算せよ。

解答　$AF/10in^2 = 44.86 + 4.14 \times 34.4 = 187.3\ell bf = 85kgf/64.5cm^2 = 129.3kPa$

2.3 段ボール原紙の変貌

段ボール原紙は、使用するパルプの種類と時代の流れに対応して色々と変化し、その性能と呼称も変わってきた。

顧みると今までの原紙は、KPとSCPの出現により性能は著しく向上し、その呼称も変わってきたが、ごく大雑把にまとめてみると次のようになる。

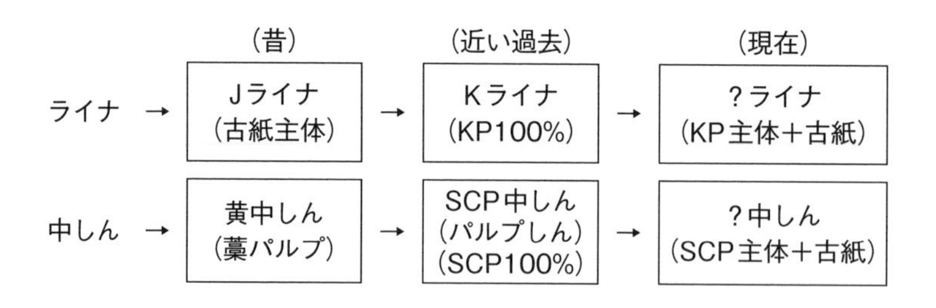

かつては、ライナはJISにも規格化されていた「丸網抄き合わせライナ」と呼称される、裏側には古紙を主体に使い表面のみKPを使用して性能をコントロールしたジュートライナが使用され、中しんには稲藁(わら)を主体に作られた黄中しんが使用されてきたが、当時のコルゲータの貼合スピードはわずか毎分数十メートル程度の時代であった。

その後、昭和40年初頭に開発されたKライナとSCP中しんの出現により高品質の段ボール箱が作れるようになり、それを基にコルゲータは広幅、高速化が進み、我が国の段ボール産業は本格的な黄金期を迎えることになった。

そして、最近における我が国の物流の著しい改革により保管、輸送、荷役の改善が行われたことに伴い、段ボール包装の合理化が進み、使用原紙の軽量化や性能の見直しの可能性が急速に高まってきたと推測される。

ここに示した古紙とは段ボール古紙のことであるが、我が国の段ボールの回収率は図1-15に示すように極めて高く、世界的にもトップクラスになっている。

段ボール古紙の回収は膨大な量になるが、古くから先人方の努力により段ボールの回収システムが確立されており、極めて回収が効率的に行われ成果を上げてきた。

図1-15　我が国の段ボールの回収率の推移

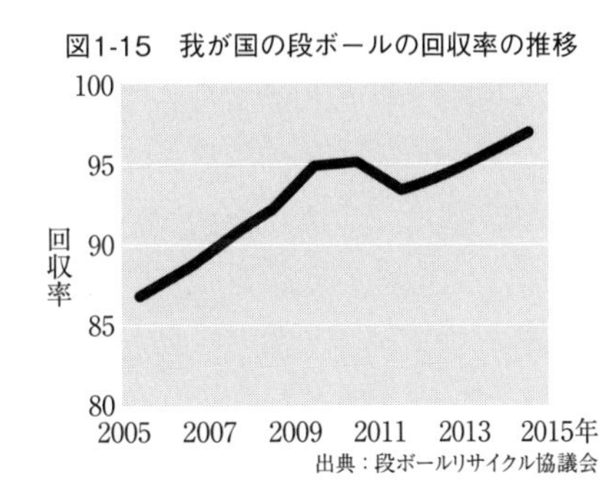

出典：段ボールリサイクル協議会

そして、回収された段ボールに付着する印刷インキ、ホットメルトなどの不純物は最近の優れた技術によって除去され、良質の古紙パルプに再生できるようになってきた。

しかし、何回も繰り返し使用しても性能的に大丈夫だろうかという一抹の不安が残る。

私もこの問題に取り取り組んだ体験があるが、大江氏が発表している文献について図1-16に示す。

図1-16　リサイクル回数と紙の強さの関係

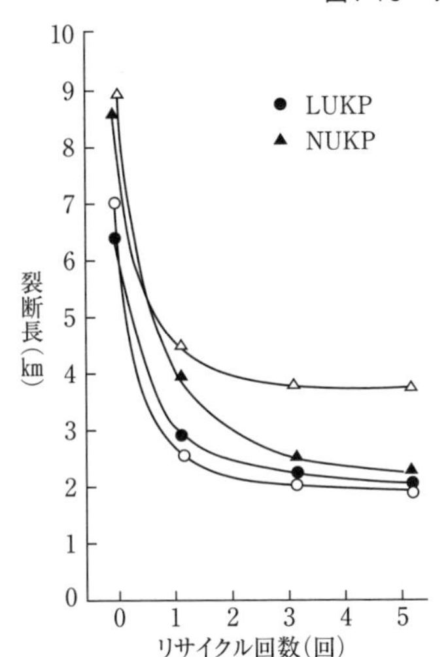

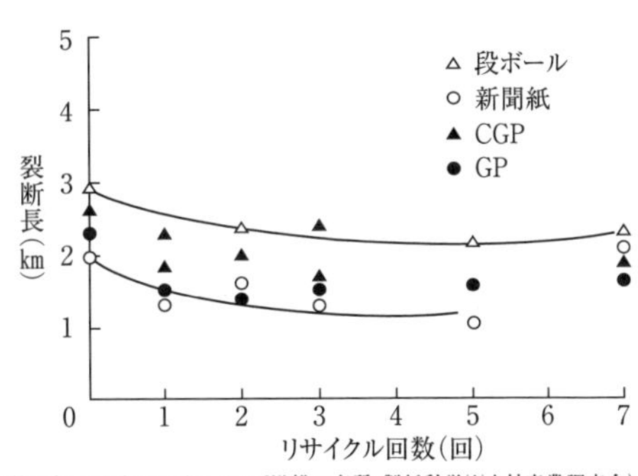

（大江礼三郎、リサイクルによるパルプ繊維の変質、製紙科学㈲中外産業調査会）

第2章

段ボール

第2章　段ボール

段ボールは、図2-1に示すように「段成形された中しんの段頂にライナを貼り合わせたもの」と定義されるが、一見こんな単純な構造体がほとんどその形態を変えることなく100年以上も世界中で広く包装材料として愛用されてきたことを考えてみると、その根幹になるのはあの美しい波型構造に起因するものと思われるが、包装性能として優れているだけではなく生産性においても極めて優れているといえる。

しかし、更なる段ボール品質の向上を望むなら、原料であるライナと中しん品質の向上、接着剤の研究を進め、それを裏付けるために必要な規格類の改正や制定、試験方法の確立が必要となるのではないかと考えられる。

それ故に、ここに今まで我々が数々の体験を振り返りながら、それらの貴重な体験がこれからの段ボール性能の更なる向上の糧となることを期待したい。

図2-1　段ボールの基本構造

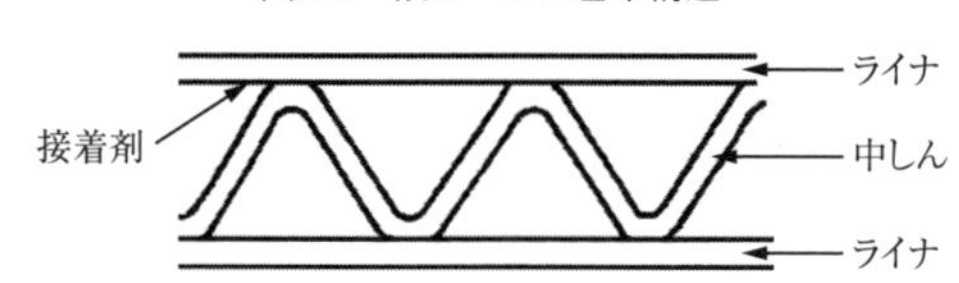

1 段ボール (Corrugated fibreboard) の開発

図2-2　繰りっ放し

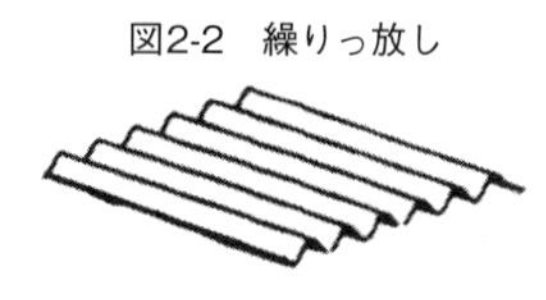

段ボールが始めて開発されたのは、今から160年ほど前にイギリスが最初であると伝えられているが、最初から図2-1に示したような形態の段ボールが作られたわけではなく、図2-2に示すような黄ボールを綺麗に成型し、いわゆる「繰りっ放し」を開発するのに苦心した模様である。

以下に、先人方が体験した苦難の歴史を紐解いてみたい。

1.1　段ボール発明の歴史を紐解く

段ボールの発明は今からおよそ160年前に遡るが、使用の目的も少し違っていたようであるが､狙いは一つで板紙をいかにして波状に成型するかということであった。

ここに先発3カ国の「繰りっ放し」開発の様子を紐解き、比較してみたい。

1.1.1　イギリス

1856年、イギリスのエドワード・チャールズ・ヒーレイとエドワード・エリス・アレン兄弟が板紙の段成型に成功し、それをシルクハットの内側に巻き付けて汗取り用として使用したのが始まりであったと伝えられており、包装とは全く縁がなかった模様である。

（シルクハット）

1.1.2　アメリカ

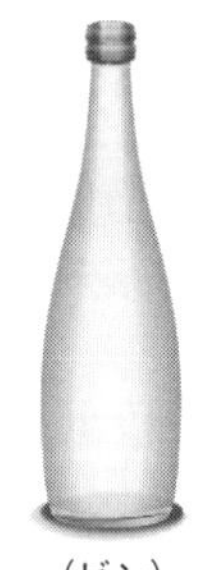
（ビン）

1870年、アメリカのアルバード・エル・ジョーンズが板紙の段成型に成功し、ガラス瓶やガラス製品の保護材として、包装用として使用された。

その後1874年には、オリバー・ロングが繰りっ放しでは時間の経過に連れて段が伸びてしまうのを防ぐために、片側に板紙を貼り合わせて片面段ボールを作ることに成功したと伝えられている。

1.1.3　日本

我が国では、1909年（明治42年）にレンゴー㈱の前身である三成社の井上貞治郎翁が、東京・品川町の本照寺の本堂の裏にあった借家を借りて、そこで鋳物製の幅6尺2寸、直径6寸の段ロールを古川鉄工所で作らせ、七輪で加熱して黄ボールに段を付けたのが始まりであった。

しかし、実際にはなかなか段が上手く付けられず、右側と左側の段数が違ったり、段ロールの過圧により片側の中しんが切れてしまったりするなどの現象が発生し、なかなか綺麗な段成型ができなかったことを述懐されている。

ところが、ある晩寝る前に黄ボールを縁の下に入れて置き、翌朝それを段成型してみると見事に美しい段成型ができた。いわゆる「繰りっ放し」の作成を完成し、その喜びを従業員と一緒に焼酎を呑みながら喜んだと伝えられている。

（ランプ）

ここまでの作業は全て手動で行ってきたが、以後は自動式に切り替えて生産体制を整え、いよいよ本格的な販売活動が始まることになるが、最初はガラスでできていたランプのホヤの保護材として採用されたのが始まりのようである。その後、図2-3に示すように繰りっ放しの段頂に予め一定の大きさに切断したハトロン紙に貼り合わせて片面段ボールを作り、電球の保護材として使用されることによって販路を拡大していったと伝えられている。

こうして日の目を見始めた「繰りっ放し」は、市場へ出すに当たり何か良い名前はないかと井上翁は十以上の名前を考えていたそうであるが、それらの中から選び出し「段ボール」と命名したと伝えられている。

このように、多少時間的な差はあるが、板紙に段をつけるという同じ発想の下に現在の段ボールは誕生したといえる。

図2-3　カーボン電球を包装したタコ張り

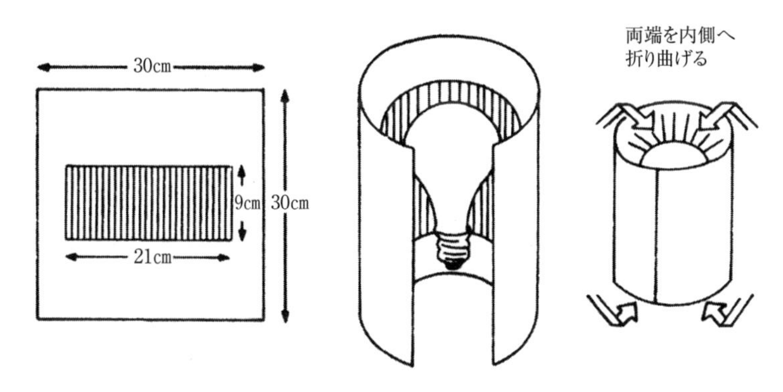

1.2　著者の奇跡的な「繰りっ放し」との巡り合い

この事実は、筆者が1984年（昭和59年）7月に中国を訪問した時の思い出深い体験談である。

上海市のある段ボール工場を見学した時に、工場の片隅で「繰りっ放し」から両面段ボールを作っていた光景に接したので、参考までに紹介したい。

図2-4　繰りっ放しから両面段ボールの製法

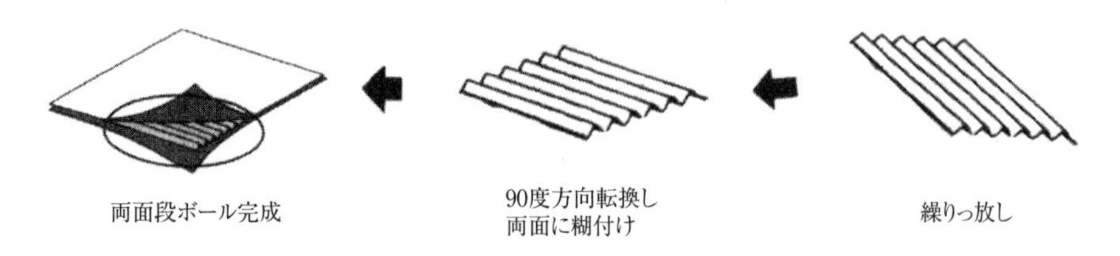

図2-4に製造工程の略図を示すが簡単に説明を加えると、まず図の右側に一定の大きさに切断された黄ボールが段成型され「繰りっ放し」の状態で出てきたものを受け止め、図の中央に示すように、それを直角に角度を変えて糊ロールに通し表裏同時の段項に糊を付ける。次に図の左側に示すように予め寸法が合うように切断しておいたライナの上に置き、続いてもう一枚のライナを素早く載せて両面段ボールが完成され、引き続きその上に次のライナが準備される。

乾燥は段ロールの余熱と重ねた段ボールの自重で行われ、接着剤には「正麩糊」が使われていた。

これら一連の作業を見て、作業する女性の手際の良さには感服するとともに、100年以上も前の「繰りっ放し」を開発された方々の姿をつくづくと彷彿した。

2　段ボールの基本構造

段ボールの構造は、図2-1に示したように中しんをどんな形に段成型するかによって、出来上がった段ボールの形状、性能およびコストが変わる。

すなわち、段成型する段ロールの種類によって変わることになるが、では現在どんな種類の段ロールが使われており、その規格はどうなっているのかについて述べる。

2.1　段（Flute）の種類

現在、段ボールを作るのに使用されている段の種類は表2-1に示す6種類があるが、これらの段を使用目的で分けると外装用と内装・個装用に分けられ、後者は段が低いのでマイクロフルートとも呼ばれている。

表2-1　段（フルート）の種類

段の種類	記号	段の数／30㎝	段の高さ※1	段繰率※2	主な用途
A段	AF	34±2	4.5～4.8㎜	約1.6	外装用
B段	BF	50±2	2.5～2.8㎜	約1.4	外装用・内装用
C段	CF	40±2	3.5～3.8㎜	約1.5	外装用
E段	EF	約93	1.1～1.4㎜		個装用・内装用
F段	FF	約126	約0.6㎜		
G段	GF	約180	約0.5㎜		

※1　実際の段ボールはライナの厚さが加算される。
※2　単位長さのライナに対する中しん原紙の使用率。
注：マイクロフルートにE段を含めない場合もある。

これらの段についての規格は、外装用のみJIS Z 1516「外装用段ボール」に30㎝当たりの数が規定されており、段の高さについての規格はないが段ボール製造上極めて大事なので、その測定方法を図2-5に示す。

図2-5　段の高さ測定法

ディプスマイクロメーター

段の高さ

2.2　段ボールの種類

段ボールの種類は、既述した段の種類とその組み合わせにより次の4種類に分けられるが、それらは異なった特性を表す。

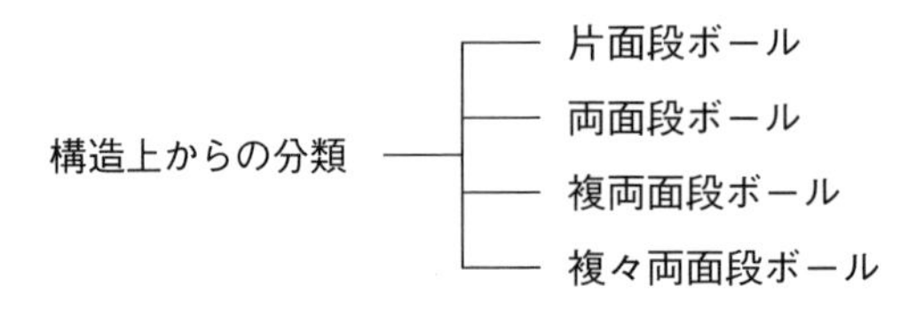

以下に、その構造的な特徴を説明するとともに、関連技術の革新により今後の使われ方などについて考察してみたい。

2.2.1　片面段ボール

図2-6　片面段ボール

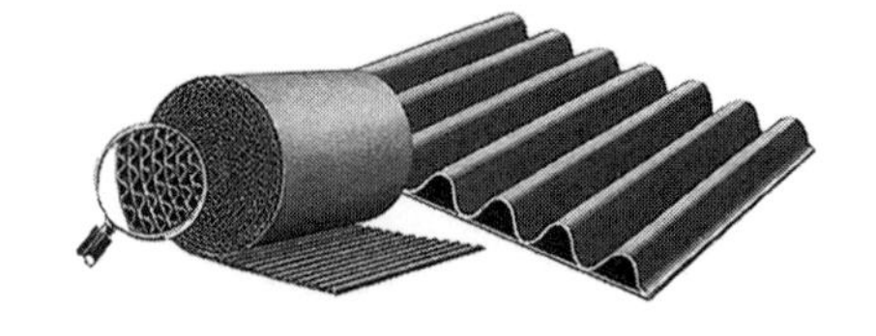

片面段ボールは、図2-6に示すように段成型された中しんの片側にライナを貼り合わせた構造で箱として使われることはないが、印刷技

術の発展に伴い段成型した状態で印刷ができれば大型のディスプレイなどに展開できると思われる。

2.2.2　両面段ボール

図2-7　両面段ボール

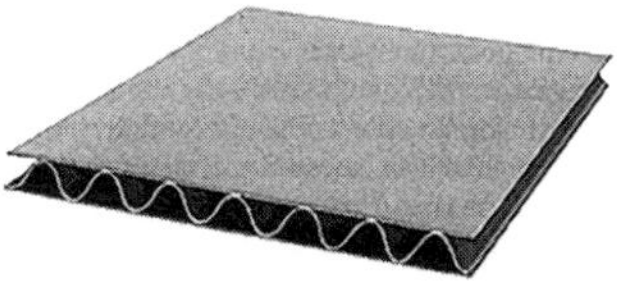

両面段ボールは、図2-7に示すように片面段ボールにライナを貼り合わせた構造で段ボール箱として多用されている。

我が国で使用されているのはAフルートが主体であるが、欧米ではCフルートが主体であるという違いがある。

そこで、日本もCフルートに切り替えてはどうかという話題がしばしば上がっていたが、たまたま1974年（昭和49年）のオイルショックを契機に世相はあらゆる物を大切にしようという機運が高まり、段ボール業界でもCフルート転換へのチャンスが到来したように思われた。

「全段連技術委員会」は、当時レンゴー㈱が製造したCフルート段ボールについてAフルートとの詳細な比較試験を行い、その推進を進言したが実現せず今日に至っている。

2.2.3　複両面段ボール

図2-8　複両面段ボール

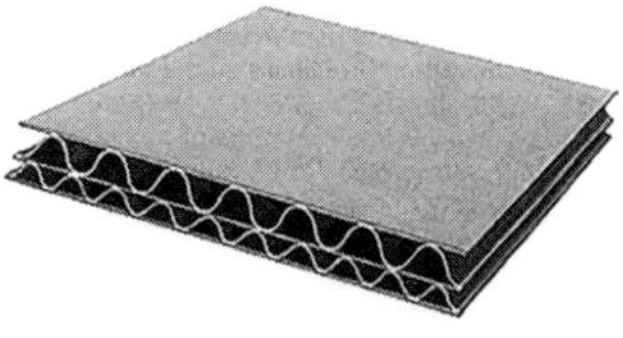

複両面段ボールは、図2-8に示すように両面段ボールに片面段ボールを貼り合わせた構造で、厚みを増し当然ではあるが圧縮強度が強くなるので、重量物や特に圧縮強さを必要とする内容品の包装に用いられる。

我が国においては、フルートの組み合わせはAとBフルートになるが、Bフルートが段ボール箱の表面になる。

その根拠としては次の二つが考えられる。

(1) 貼り合わせ上での効率

コルゲータにおけるダブル側の中貼りの接着には､厚さの薄いフルートの方が熱の伝導効率が有利だからである。

図2-9に､ある一定条件下で貼合した時の段ボール主要部分の温度測定値の一例を示すが、この結果から十分な糊化温度になっていることが理解できる。

図2-9　熱盤における温度分布

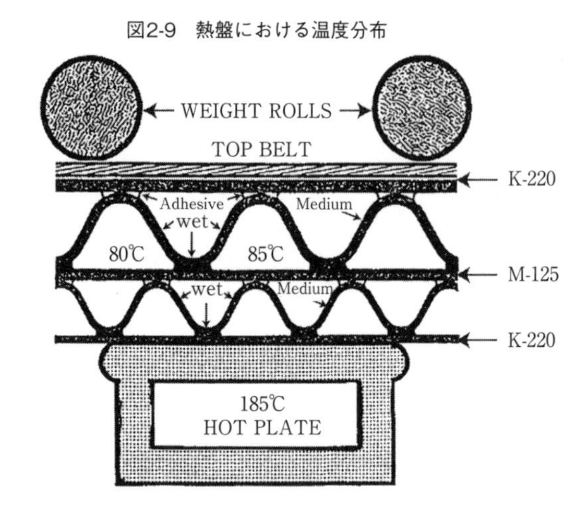

(2) 段ボールの表面状態の優美さ

もう一つの重要なことは段ボールの表面状態であり、水溶性の接着剤を使用する限り多少のウォッシュボードの発生は免れない。

そんな観点から考えると、AフルートよりBフルールの方が優位であると考えられるからである。

2.2.4　複々両面段ボール

複々両面段ボールは、図2-10に示すように複両面段ボールに片面段ボールを貼り合わせた構造で、厚さも10㎜を超えるので強度も増し、100kg以上の重量物包装材として木材の代わりに使用される。

図2-10　複々両面段ボール

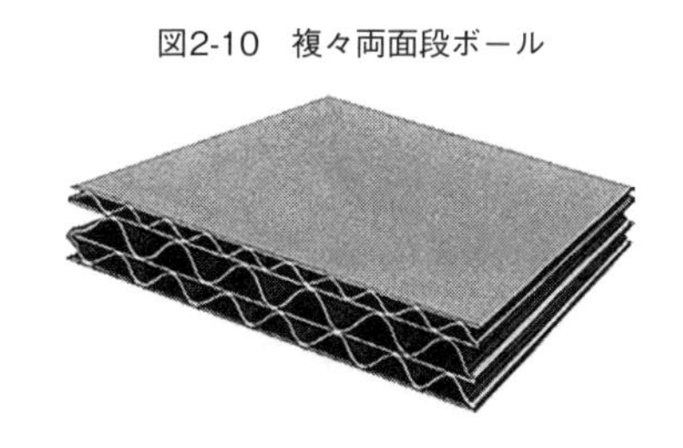

複々両面段ボールは、1946年にアメリカで開発され、その製造に使用されるフルートは三つのうち二つは必ずAフルートを使わなければならないとR-41には規定されている。

2.3　段ボールの厚さ

段ボールの厚さは、箱の製造工程および品質、特に箱の圧縮強さに極めて重要な役割を果たしているが、JISには規格化されていないし、その測定方法も決められていない。

しかし、理論的には正しく算出できるし、何らかの要因で厚さが失われたかという技術的な原因も追究することができるという重要な意味を持っているので、厚さの測定方法の規格化を確立した。

2.3.1　段ボールの厚さの理論値と実際

段ボールの厚さの理論値は、使用するフルートの高さは明確であるから、それに使用する2枚のライナと中しんの厚さを加えた値になるはずであるが、実際には少し小さくなる傾向がある。

図2-11にAフルートで作った場合の架空上の計算例を示した。

図2-11　段ボールの厚さの計算法

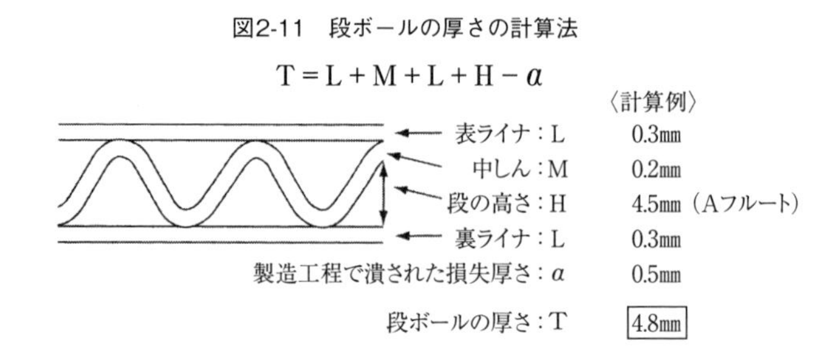

ここで問題になるのは損失厚さαとあるが、かつては図2-12に示すような技術的欠陥として発生した「不整段」と呼称されるものが原因であった。

図2-12　不整段の代表例

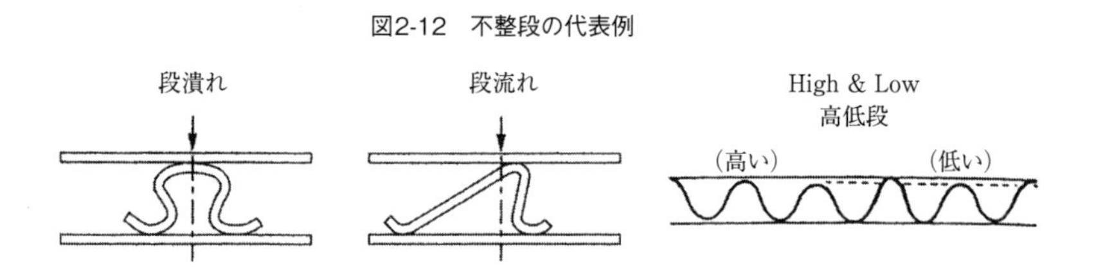

しかし、近時コルゲータの著しい改革により「不整段」の発生は皆無に近づき、ダブルフェーサの接着技術の優劣に集約されてきたと思われる。

2.3.2　段ボールの厚さ測定法の確立「業界規格」

一般の紙および板紙の厚さ測定方法については、JIS P 8118「紙及び板紙の厚さ及び密度の試験方法」に規定されているが、そこには段ボールの厚さの測定方法については規定されていなかった。

すなわち、当初段ボールの厚さの測定方法は規格が無かったので日本段ボール工業会（日段工）技術委員会は、その重要性を認識し厚さの測定方法について検討を進め、いつでもJIS化できるような原案を整えて1983年（昭和58年）に業界規格「T-0004 段ボールの厚さ測定方法」を作成した。

測定方法の概要は、図2-13に示すように精度1/1000㎜のマイクロメーターの先端に直径16㎜の円盤状のアタッチメントを取り付け、必ず上下いずれかの円盤がフルート二つにかかるようにして測定することにした。

図2-13　段ボールの厚さ測定法

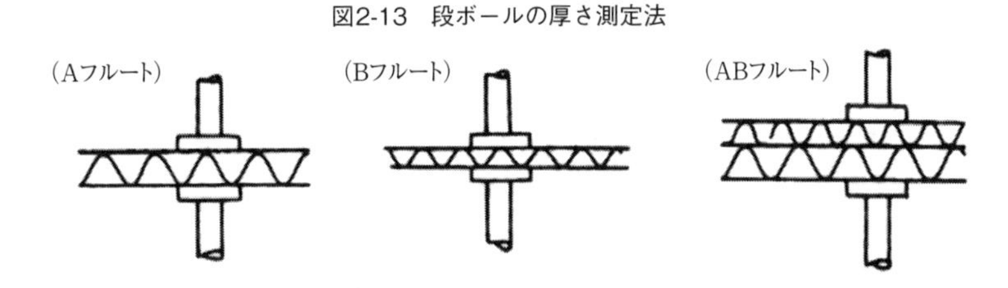

2.3.3　著者が体験したアメリカにおける段ボールの厚さの認識

その頃の先進国アメリカの段ボール工場では、段ボールの厚さについてはどんな認識を持っていたのか回想してみたい。

筆者は当時、既に100以上のアメリカの段ボール工場を見学していたが、ほとんどの段ボール工場でスーパーインテンデント（現場の責任者）が腰に厚さ測定機をぶら下げて各工程で厚さを確認していたことが思い出され、段ボールの生命はここにあるという賢明な姿が強烈な印象として残った。

話題は変わるが、かつてレンゴー㈱でアメリカのラングストン社からコルゲータを輸入し据え付けをした時に、監督のエンジニアはブリッジに上がり、いつまでも片面段ボール厚さを測り入念な観察をしていたことに感服したことが思い出される。

3 コルゲータの改革がもたらした段ボール品質の改善

既述したように遠い昔の先人方が開発した「繰りっ放し」を基にコルゲータの改革が進み、段ボールの生産性の向上と品質も著しい向上が図られてきたので、その変貌の推移を振り返ってみたい。

3.1 コルゲータ変遷の歴史

1895年(明治28年)に欧米ではキャタピラー付きの両面段ボール機の製作が始まるが、それは現在稼働しているプレスロール式ではなく、段項に糊を塗布した後にキャタピラーで押し付けながら送る方式であった。

その後1908年(明治41年)にラングストン社が現在のコルゲータの原型となる両面段ボール製造機を開発した。

また、我が国では1915年(大正9年)頃に両面段ボールの生産が始まったようである。

その後、段ボール需要の増大に伴いコルゲータの性能が広幅、高速化時代へと突入していった。

そして、1976年(昭和51年)にレンゴー㈱と三菱重工業㈱との共同開発によるフィンガーレスシングルフェーサの開発によって、一挙に生産性が飛躍的に向上するとともに段ボール品質の向上と安定が図られるという一大快挙が実現した。

3.2　フィンガーレスシングルフェーサの段ボール品質への貢献度

元来、シングルフェーサの果たす役割は、美しく波状に成型した中しんの段頂に糊を付け、加温と加熱により瞬間的にライナを貼り合わせて片面段ボールを作る装置であるが、コルゲータの心臓部ともいえる大事な役割を果たす。

コルゲータは、1995年（平成7年）頃までは図2-14の左側に示すような段成型された中しんが下段ロールから飛び出さないようにガイドするフィンガーという治具を備えたタイプのものが主流であった。

図2-14　加圧メカニズムの比較

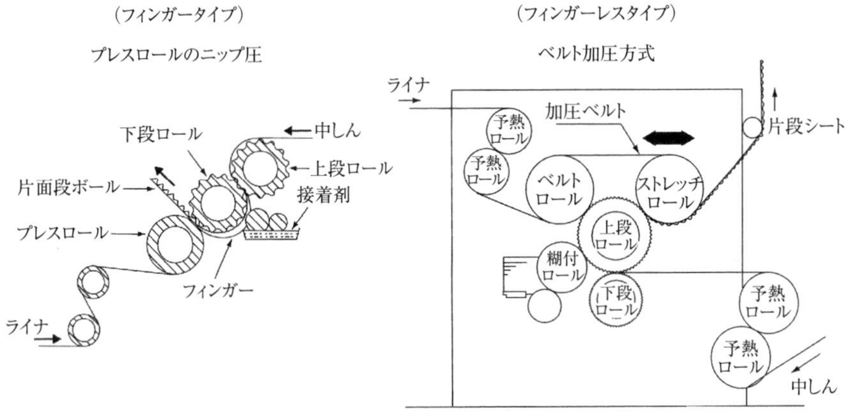

（フィンガータイプ）
プレスロールのニップ圧

（フィンガーレスタイプ）
ベルト加圧方式

しかし、フィンガー方式は二つの大きな欠陥を抱えていた。

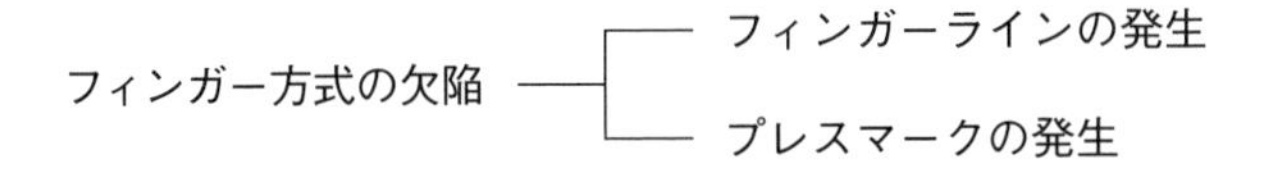

この二つの項目について製造工程順に触れてみる。

3.2.1　フィンガーラインとは

フィンガータイプは、段成型され中しんが飛び出さないようにフィンガーによってプレスロールまで支えてやる役割をしているが、フィンガーの取り付けピッチはマシン幅に対してAフルートで75～100㎜、Bフルートで50㎜が普通であるから数が多く、それらを段ロールとフィンガーとの間隔を均一にセットするのは大変な作業であった。

そして、段成型されて勢いよく飛び出してくる中しんと、それを抑えようとするフィンガーとの間に摩擦が起き、当然のことではあるが中しんに凹みができるが、これをフィンガーラインといい、この部分には糊が付きにくくなるので、0201形箱の圧縮強度に悪影響をもたらすことになる。

これに対しフィンガーレスタイプは、図2-14の右側に示すようにフィンガーを取り除き段成型された中しんはバキュームにより段ロールに密着されて送られてゆく方式に変えられたので、フィンガーラインの発生は皆無になるという夢を実現した。

筆者は数えきれないほどの0201形箱の圧縮試験をしたが、厳密な比較はできなかったものの、体験的に分かりやすく表現すれば図2-15に示すような箱の圧壊が起き、フィンガーラインが圧壊を手引きする根源となること予想される。

図2-15　段ボール箱の圧壊状態比較

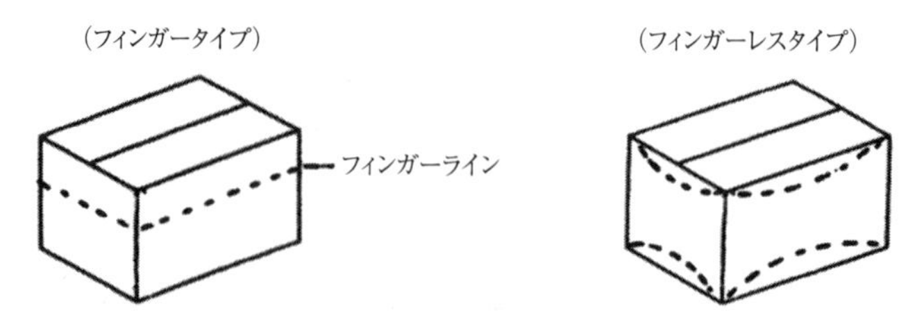

3.2.2　プレスマークとは

プレスマークとは、図2-14の左側に示したフィンガータイプのシングルフェーサの接着部で段成型された中しんの段項に塗布された糊を、ライナと合わせ下段ロールにプレスロールで圧力を掛け瞬間的に接着を完結させるメカニズムである。その時に掛ける圧力は、使用するライナの種類によって異なるが20～50kgf/cmの線圧である。

この圧力はかなりの高圧であるためライナと中しんは多少の損傷が発生することになるが、特にライナの表面にかなり明確にその狼藉が現れる。

その線上に発生した狼藉をプレスマークと呼んでいるが、かなり美観を損ねるため箱にする場合には必ず内側にするのが常識であった。

しかし、図2-14の右側に示すようにフィンガーレスタイプではベルトを回転させる方式に変え、圧着面積を増やしソフトな加圧で接着を可能に改良したため、あの見苦しいプレスマークは消え去っていった。

このように昔の段ボールは、シングル側に消去し難い二つの大欠陥を抱えていたが、フィンガーレス方式の開発により完全に解決され、性能的にも外観的にも理想の姿を再現できたといえる。

4 段ボールの接着

段ボールの接着は、一見簡単そうに見えるが実際は複雑であり、開発以来100年以上も過ぎているのに現在でも完成しているとは思われない。

段ボールの接着は、一般の紙類の接着のように接着強度だけを追求するのではなく、段ボールの構造を崩すことなく接着を完成させるには糊量をどれくらいにするか追求する必要がある。

ちなみに、現在段ボールメーカーの方々に貼合で使用している糊の使用量を聞いてみると、それぞれ違った答えが返ってくる。

また、その答えを聞いて、そのメーカーの技術水準もある程度推定することができる。

段ボールの接着は次の二大要因からなっていると考えられる。

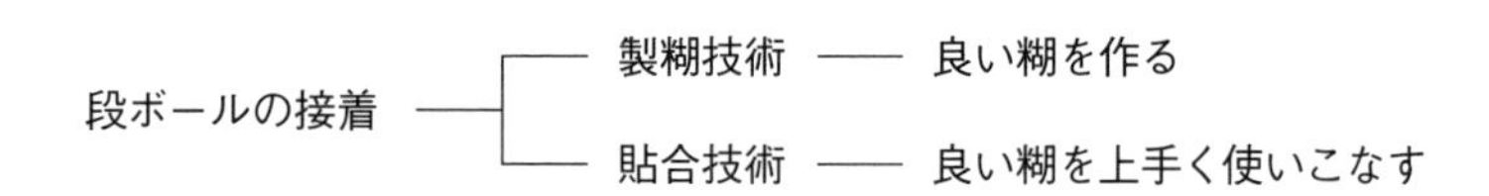

この二つの技術を振り返ってみたい。

4.1 段ボール接着剤の歴史

段ボールが、世界的に包装材料として多用されてきたのは、あの優れた構造によるものであるから、接着剤の果たす役割なしには考えられない。

顧みれば、段ボールの需要の増加に伴い生産性の高度化が実現されてきたが、接着剤はどのように変化してきたか、その歴史を振り返っておきたい。

1900年（明治33年）欧米で段ボール接着剤として珪酸ソーダ（水ガラス）が使われ始めた。

珪酸ソーダは、粘調な液体で一般的にその性質はシリカ（SiO）と酸化ソーダ（Na_2O）とのモル比によって変化するが、モル比3：1～4：1が用いられた。

1910年（明治43年）欧米では珪酸ソーダが主流となった。

1913年（大正2年）我が国でも珪酸ソーダの使用が始まった。

ところが、珪酸ソーダの致命的欠陥は、吸湿によって加水分解しアルカリが分離してライナや印刷インキを変質させるアルカリステイン（alkali stain）と呼ばれる現象を起こすことであった。

当時多用されていた衣装箱や洋服箱は、その化学変化により惨めな姿に変化しており、新しい接着剤の出現が待たれていた。

1919年（大正8年）アメリカのスタインホール社で澱粉（でんぷん）を主原料にした段ボール貼合用の接着剤を開発し、特許を取得した。

1939年（昭和14年）スタインホール社の貼合用接着剤処方の日本特許を公告。

1953年（昭和28年）日本で貼合用接着剤に澱粉を使用する研究が始まる。

我が国では当時、味の素㈱が「味の素」を作るのに小麦澱粉を原料とした発酵法により作られていたので、その副産物として残った澱粉を使用したのが始まりであったが、その後「味の素」の製法が合成法に変わったため、昭和40年頃からコーンスターチへ移行していった。

1956年（昭和31年）日本段ボール協会がスタインホール社の特許使用権を団体で取得し、各段ボールメーカーの生産量に応じてパテント料を支払う方式が採られた。

1963年（昭和38年）スタインホール社の日本における特許権が失効した。

4.2　称賛すべきスタインホール方式の開発

スタインホール（Stain Hall、以下S-Hと略す）方式の日本における特許権は既載のように、昭和39年には失効している。

振り返れば、当時のコルゲータのスピードは数10m/min程度であったが、現在は400m/minくらいまで高速化しているのに依然として対応しているのは、スタインホール方式がいかに優れた処方であるかを示すもので称賛に値する。

ここに、もう一度その価値を振り返っておきたいと思う。

4.2.1　スタインホール方式のパテントの特長

S-H方式のパテントの特長は、次に示す三つに絞られる。

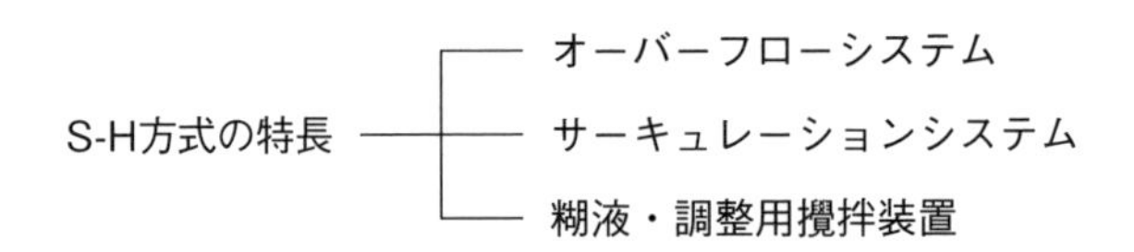

これらの中でも接着剤の配合、すなわち水を使った澱粉攪拌物質を巧みに活用した接着方式におけるアイデアは素晴らしい。

4.2.2　スタインホール方式の基本配合

S-H方式の基本配合は、澱粉、水、かせいソーダの三つの要素からなり、次に示す形式が基本となる。

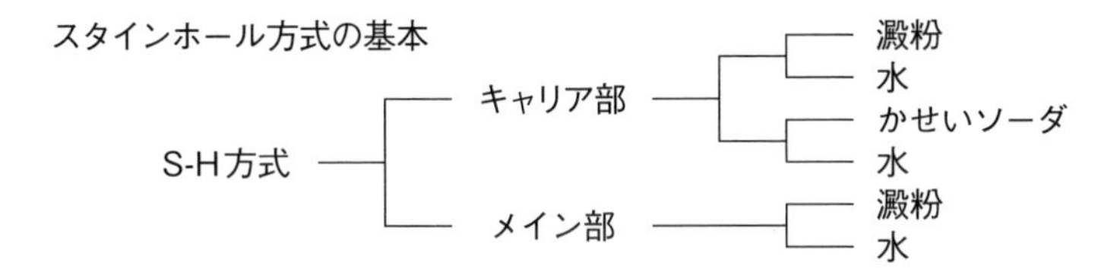

普通このほかに、ほう酸（ほう砂）を入れるが、基本的なものではない。

4.2.3　製糊方式の代表例

製糊方式にはいくつかの方式があり、最近では自動製糊方式の採用も散見されるが、代表的なものを次に示す。

製糊方式の代表例

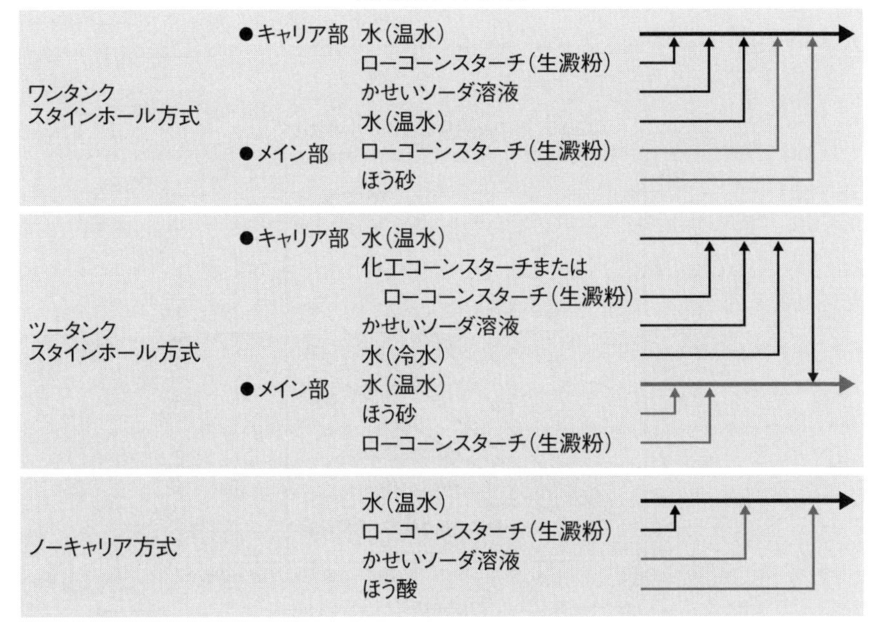

4.2.4 知っておきたい製糊に必要な基本条件

糊を作る場合にどんな性状のものを作ったらよいかといえば、コルゲータの最高性能が出せるような糊を作ることを念頭に入れ、次に示す三つの条件を考えるのが賢明だと思う。

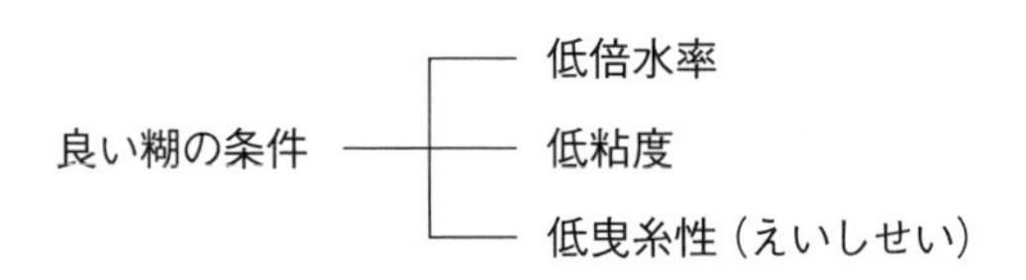

(1) 低倍水率が有利な理由

倍水率と糊の使用量との関係について図2-16に示すが当然のことではあるが、倍水率の高い糊ほど、また糊の使用量が多いほど、段ボールへの水分上昇を招くことになることが理解できる。

図2-16 糊の使用量と段ボールの含水分

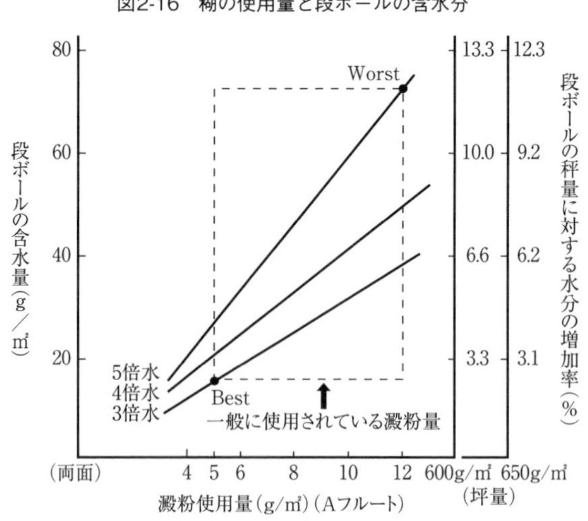

水分が多いと貼合スピードが上がらないし、反りが発生しやすくなったり、段ボールの性能にも悪い影響が出てくる可能性が高くなる。

(2) 低粘度が有利な理由

糊の粘度を低くするということは、コルゲータで糊の使用量を調整する場合に非常にやりやすくなるので、糊を絞りやすくなる。

しかし、倍水率を低くすると一般的には粘度が高くなるのが常識であるから、製糊係は配合についてよく勉強しなければならない。

従って糊の粘度管理が重要になる。当初、我々が技術委員会などで会う機会があるとよく糊の粘度について話題になったことが思い出されるが、最初は糊の粘度が何秒と言ってもかなりの差があった。

その原因を求めてゆくと測定する器具、フォードカップの種類が違っていたことであった。

筆者は、これを統一しておいた方が良いと考え、アメリカの段ボール協会(FBA)に日本での使用許可を求め、図2-17に示すフォードカップに統一した。

図2-17　フォードカップ

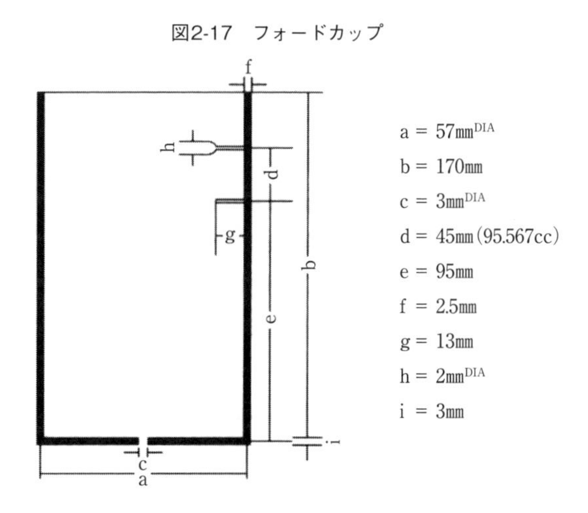

(3) 糊の曳糸性(えいしせい)への対応の理由

曳糸性とは、粘度の高い液体を滴下させたり、その液体の中へ棒を入れて手早く引き上げたりした時に、その棒に付いた糊が糸を引く性質のことをいうが、段ボール用の澱粉糊を少量人差し指と親指の間に挟み、指を離すとねばねばした糊が糸を引く状態になることを指す。

元来、糊の使用量を正確にコントロールできるように開発されたグラビアロールは、段ボールを製造する際にはアプリケーター用に使用され、図2-18に示すようにピラミッド型とコードラ型の2種類が使用されている。

図2-18　グラビアロール

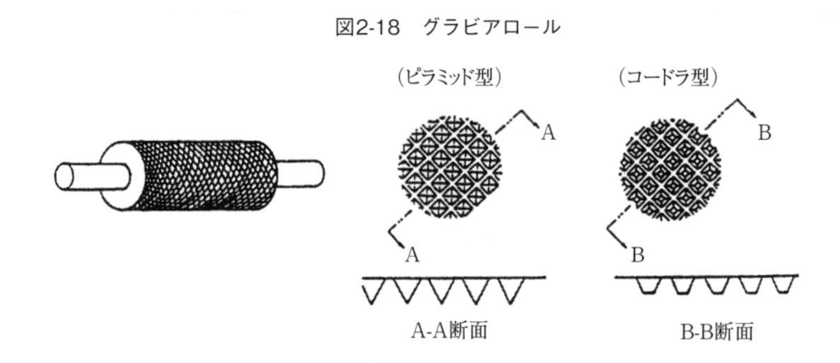

使用の目的は、これらのグラビアロールのセルの中に入った糊をドクターロールで絞り、常に一定量を中しんの段頂に全部転移させることである。

しかし、澱粉糊には多少の曳糸性があり、できるだけそれが少なくなるような配合を考えた糊に仕上げないと、グラビアロールを使用する意味が無くなってしまうと理解できる。

5 段ボールの貼合技術の理論と実際

S-H方式により作られた糊が、実際の現場で貼合に使用した場合に澱粉が接着剤として一体どんな特色を発揮するのか、そのメカニズムを解明し理解した上で、澱粉の特色を十分に活用するにはどのようにすべきかについて、いくつかの角度から考えてみたい。

5.1 貼合における澱粉(でんぷん)の挙動

貼合時において糊の中の澱粉がどんな変化をするのかについては、図2-19に示すように澱粉粒1個の大きさは2～100ミクロンくらいであるが水分を吸い、温度がかかると急に大きくなり、粘度は約10万倍に上昇することによってタックが出て、初期接着が始まるのが最大の特長となる。

図2-19　澱粉粒糊化時の粒形態および粘度の変化状況の模式図

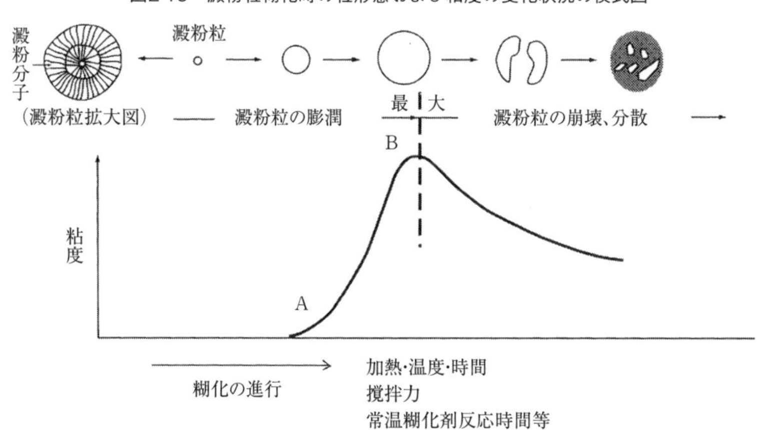

糊は、図1-4に示したようにライナと中しんは抄造時にパルプの絡み合いによってできる空隙に浸透してゆくが、加熱と加圧により水分が蒸発するのに伴い接着は完結することになる。

5.2　糊は原紙の中にどれくらい浸透するのか

段ボールの接着が完結した場合に、糊はライナと中しんにどれくらいまで浸透しているのだろうか、誰しも知りたいところであろう。

また、ライナと中しんへの浸透割合はどうだろうか、これも解明したいことではないかと考える。

ここにアメリカで行われた測定結果について紹介してみたい。

この測定は、段ボールを分離しライナと中しんを少しずつ削ってゆき、ヨード呈色反応によりどのくらいまで変色が見られるかを定性的に測定したもので、要約すると図2-20に示すようになる。

図2-20　ライナと中しんへの糊の浸透状況

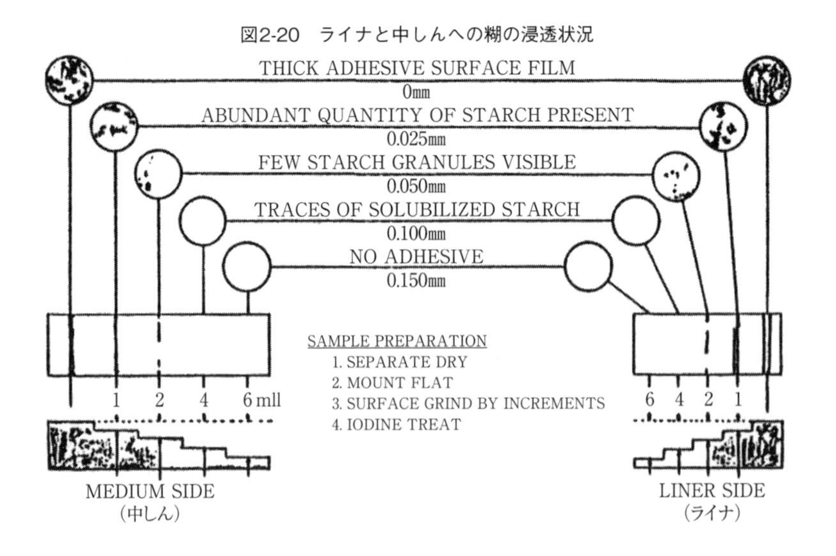

この測定結果から、糊はライナより中しんの方が少し多めに浸透しているように見られるが、これは接着のメカニズムから、まず糊が中しんに塗布されることと、吸水性が良いという一般常識からも頷けることではないかと考えられる。

糊の浸透状態は約0.1～0.15㎜で均等に浸透しているものと推定される。

5.3　段ボール接着力試験方法のJIS改正とその意義

段ボールの接着が上手くいったかどうかは、まず現場のオペレーターがシングルフェーサで出来たての片面段ボールの一部を剥がして接着状態を確認するのに始まり、引き続きカッター先でダブル側の接着状態を確認しているが、正確には貼合終了後数時間経過した後に接着力を測定している。

では、段ボールの接着力はどのようにして行うのかは、JIS Z 0402「段ボール接着力試験方法」に規定されているが、強度の規格はない。

かつてのJISは、図2-21の左側に示すような上下のピンアタッチメントを段ボール試験片の谷側に差し込んで測定していたために弱い方が先に剥がれてしまい、残りの他方は測定できなかった。

図2-21　段ボール接着力試験方法の比較

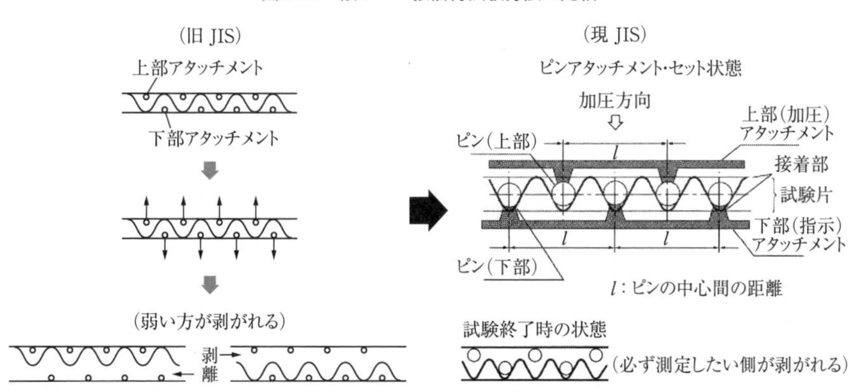

そこで、筆者はこれでは将来、段ボールの接着技術の改善に支障を来す恐れがあるのではないかと考え、いずれでも望む方が測定できる方法に改訂する案を段ボール技術委員会に提唱し、検討の結果図2-21の右側に示すような方法にJISを改定した。

この改定は、今後の段ボール接着技術の改善ツールとして貢献できるものと期待している。

5.4 糊の使用量の確認方法

コルゲータで段ボールを生産しているオペレーターは、常にどれくらいの糊量を使用をいるか、その適正量の把握に努めながら更なる段ボール品質の向上を心掛けなければならない。

糊の使用量を確認するには、一般に次の三つの方法が使われている。

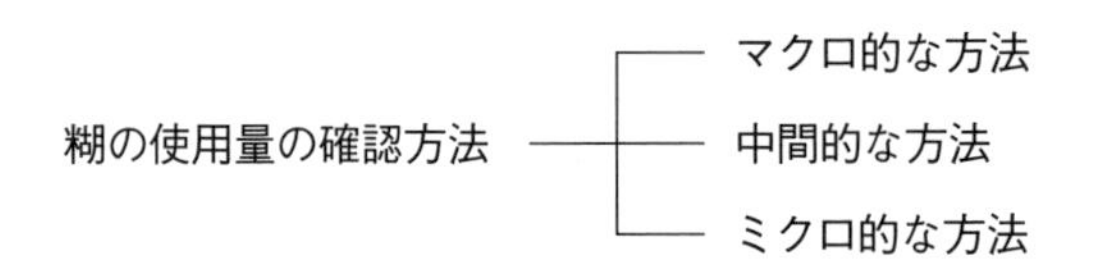

これらの方法について若干説明を加える。

5.4.1 マクロ的な方法

マクロ的な方法とは、俗に丼勘定といわれている大雑把な計算方法で、毎月使用された原紙から生産された段ボールの面積を計算し、それに使用された澱粉量を確認しAフルートに換算してg/㎡で表わす方法である。

一般的にはこの方法で澱粉の使用量を把握しているが、この方法だけでは技術的な進歩は望めないし、経済的にも合理化を望めないので、次の2方式を活用するのが賢明と考える。

5.4.2　中間的な方法

あえてこんな表現をしたのは、図2-22に示したように澱粉がヨードと化学反応する特殊性を活用して、貼合した段ボールの糊の接着状態をつぶさに観察することができるが、あくまでも定性的なもので、澱粉の使用量は分からないのでこの表現にした。

図2-22　澱粉へのヨード呈色反応

（青紫色するヨード澱粉複合液）　（段ボールへのヨード呈色反応）

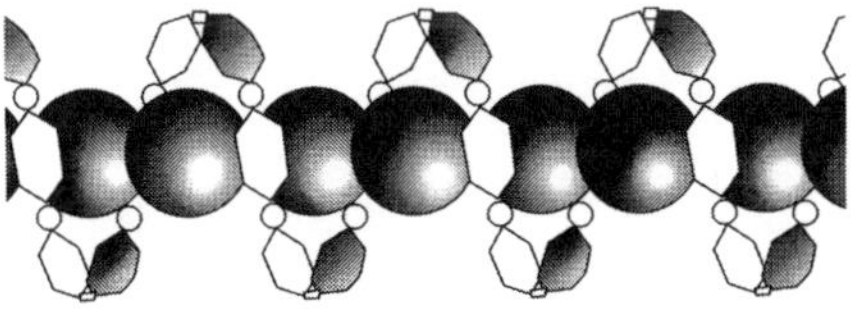

しかし、この方法は簡便であり、現場での活用は非常に有効であると思われるので、コルゲータのオペレーターは定期的にこの方法を活用し、全員で糊の使用実態を観察し意見交換を図ると、一層仕事に対する情熱が湧いてくると思われる。

そして、このようなミーティングを繰り返し行うと一層良い糊へと改善が進み、糊量の減少や段ボール品質向上につながると考えられる。

参考までに、ヨウ素呈色反応液の作り方は以下の通りである。

「ヨウ素呈色反応液は、ヨウ化カリ（KI）2gを5ccの水に溶かし、
その中にヨウ素（I_2）1.3gを加えて完全に溶かし、最後に水を加えて
100ccにして作られる」

5.4.3 ミクロ的な方法

この方法は、測定の操作は複雑ではあるが、貼合に使用した澱粉量を正確に知ることができるので、あえてミクロ的な方法とした。

この方式による測定方法の詳細を知りたい方は筆者の著書をご覧いただきたいと思うが、ここではその原理の概要についてまとめてみる。

この方法の測定原理は、貼合に使用した澱粉を特殊な酵素の溶液で分離してそれを濾過（ろか）し、溶出した個体の重さを秤量（ひょうりょう）して求める。

澱粉を分解する酵素には、αアミラーゼが適しており、これがグリコシドと結合した澱粉分子を分解してデキストリンを生成するが、原紙のセルロースに対しては全く影響がなく、昔から繊維工業において澱粉を取り除く方法として使用されてきた技法である。

段ボール工場では、製造した段ボール、その時使用したライナと中しんについても測定して、使用した澱粉量を正確に知ることができる。

ライナと中しんについても測定する理由は、リサイクリングした段ボールの中に澱粉が含まれているので、それを考慮しなければならないからである。

溶出した澱粉の固形分は次式によって求められる。

$$\text{Weight (g/m}^2\text{)} = 10{,}000 \times \frac{\text{残留物の重さ}}{\text{3原紙の重さ}}$$

「計算例」　段ボール $= 10{,}000 \times \dfrac{0.280}{70.0} = 40.0\text{g/m}^2$

ブランク $= 10{,}000 \times \dfrac{0.198}{65.0} = 30.0\text{g/m}^2$

澱 粉 量 $= 40.0 - 30.0 = 10.0\text{g/m}^2$

5.5　糊の増量がもたらす段ボール品質への影響

段ボールの仕上がりは、貼合の良否によって決定される。

既述したように、糊はおよそ澱粉の3倍の水分で作られているので、貼合ではかなり水分がライナと中しんの段頂の近くに集結するが、ライナも中しんも水分が大好きであるため、すぐに吸収してしまう。そのため、糊の使用量が多いか少ないかによって図2-23に示すような状態になり、糊の量が多いほどウォッシュボードや反りの発生率が高くなることが分かる。

図2-23　糊の塗布比較

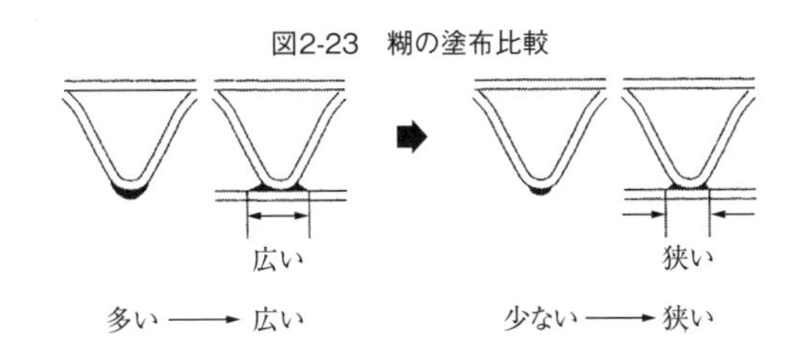

この現象は、ダブル側の糊付け機構に多くの問題点が潜んでいたため、図2-24に示すようなコンタクトバー方式の新しい糊付け機構が開発され、糊量を正確にコントロールできるようになり著しい進歩が確認されている。

図2-24　ダブル側の糊付けメカニズムの変化

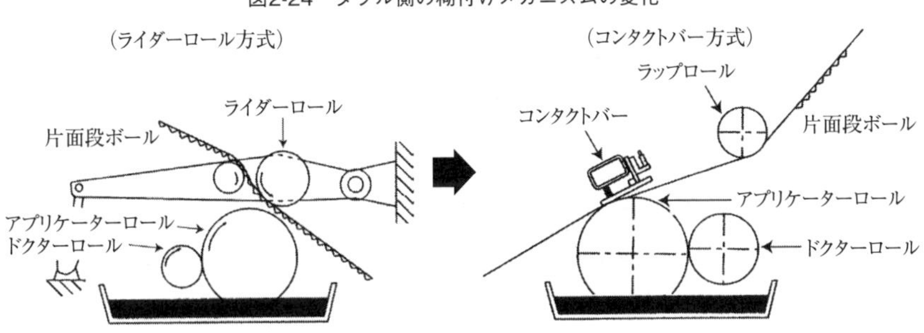

段ボール接着のキーポイントは、接着だけにこだわると、どうしても増量になりやすいので常に最適な量を求めることを考えるのが大切である。

何故かというと、分かりやすく表現すると図2-25に示す断面拡大図のように、実際に接着へ寄与する糊の幅は1.5㎜前後であり、それ以外の糊は段頂に近いライナと中しんの前後に浸透し糊化してしまい、接着には全く寄与していないと考えて良い。

図2-25　接着寄与率

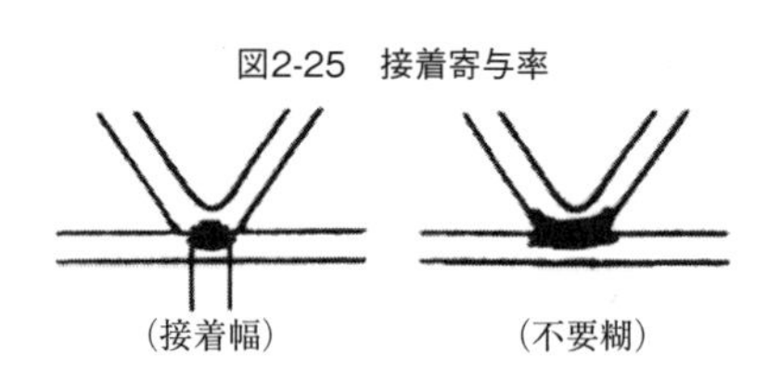

図2-26　ウォッシュボード

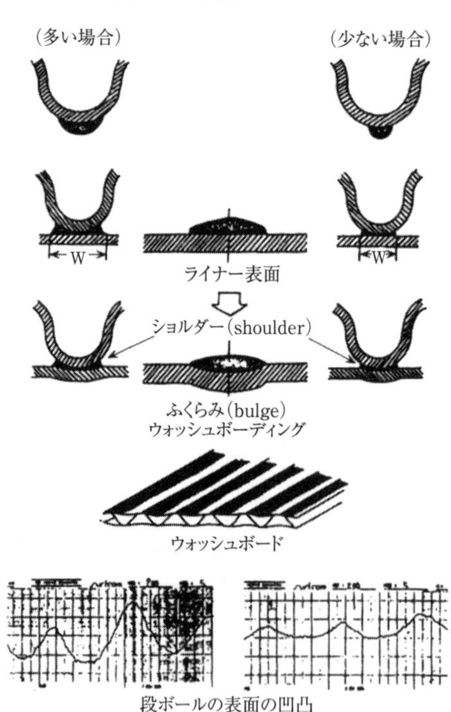

そして、糊からライナに浸透した水分は、ライナが伸びたままの状態で接着が完結するので出来上がった段ボールの表面に凹凸現象を発生させるが、この現象をウォッシュボードと呼んでいる。

5.5.1　ウォッシュボード

ウォッシュボードとは、英語でwashboard（洗濯板）のことで、昔のお母さん方が洗濯に用いた洗濯板に似ているので用いられたものと考えられる。

我々段ボール業界でこの語を用いているのは、数十から百ミクロン単位程度の凹凸であるが、時には我々が指で触っても感じ取れるくらいのこともある。

凹凸が発生するメカニズムは図2-26に示すが、その測定は触針法によって行われ、ちょうど針の先のように尖ったアタッチメント先端を段ボールの表面に当て移動させて測定する。

今後、段ボールの軽量化が進むと印刷に一層大きな影響が出てくることも予想される。

5.5.2　反りとその対応技術

紙は必ず置かれた環境に馴染むために、水分を吸排出して同じ水分状態になろうとする特質があり、それに伴って伸縮現象が併発する。

原紙も全く同じ挙動を示し、巻取りの状態で段ボール工場に届けられた原紙は平坦であるのに段ボールにすると反りが発生するのは、接着に使用する糊の中に含まれている水分の悪戯（いたずら）であり、その量の多少に比例して反りは大小になる傾向を示す。

これはコルゲータのダブル側の加熱部と冷却部で接着が進行する過程で発生する水分が、熱盤とベルトの間に閉じ込められて逃げ場を求めてコルゲータの両側に集まってゆくために、段ボールの内部の水分は均一性を失って反りが発生することになると考えられる。

実験的にライナの含水分が変化した場合に、どれくらいの伸縮があるか、またタテ、ヨコ方向にはどれくらいの差があるのか、正確に測定した結果を図2-27に示すが、ヨコ方向の伸びはタテ方向に比べ非常に大きいことが分かる。

従って製造上、段ボールの両端が大きく伸びて反りを発生させる確率が高く、現象的に上反りまたは下反りの発生が多くなる。

往時の段ボール産業は、段ボールシートの販売率が高かったこともあり、工場では反り対策の一環として全判の段ボールシートを二人で20枚くらいずつ反転するなどの過酷な作業で悪評を買ったこともあった。

段ボール業界はそんな実態を重要視し、業界全体の問題として反り改善に向けた検討を日段工技術委員会に委嘱したことがあった。

図2-27　ライナの含水率と伸縮率

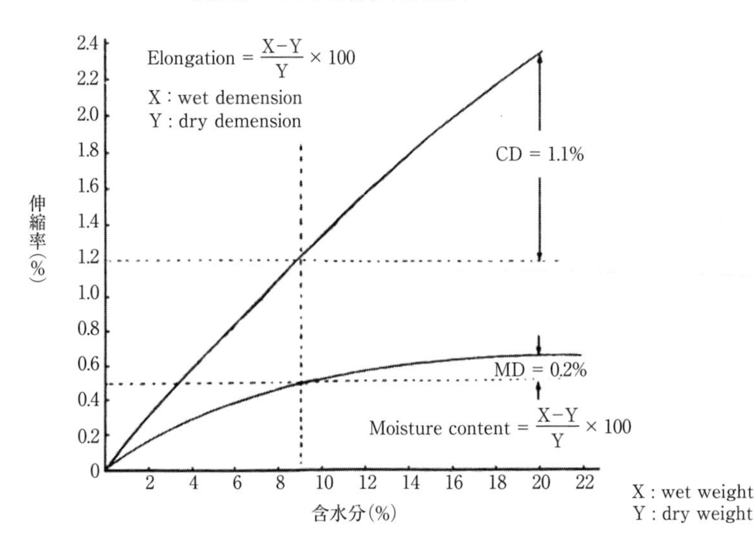

この研究の狙いは、電波により貼合中の段ボールの水分の分布状態と水分量を測定し、自動的に水分を均一化するように加えて反りを修正するという、かなり雄大な構想が基本であった。

その実験は約1年間、関東地区の技術委員会の会員の工場で継続して行われたが、結果的には成果が見られず中止したことが思い出される。

当時は、段ボールの反りの問題は世界中の段ボールメーカーの最大の悩みであったが、最進国アメリカでも解決策が見当たらなかったことで、図2-28に示すような反りの測定法を設定しており、わずかな反りは容認してほしいという願望が出ているのは寂し限りである。

裏を返せば、段ボールの反り対策は極めて難しい技術ともいえる。

図2-28　反りの測定法

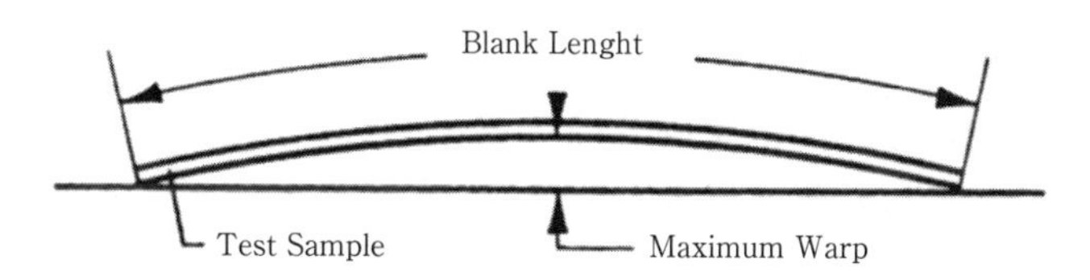

下表に示す値を目安としている。

米国の反りの限界

紙幅		反りの限界	
(in)	(mm)	(in)	(mm)
12	30.5	1/16	1.58
24	61.0	1/4	6.35
48	121.9	1	25.40
96	243.8	4	101.60

すなわち、アメリカでは実用上許容できる反りの限界は次の通りである。

$$\frac{\text{最大反り}}{\text{段ボールの長さ}} = \frac{0.25''}{12''} = 0.0208$$

または、最大反り＝0.0208×段ボールの長さ

図2-29　上反り・下反りの測定方法

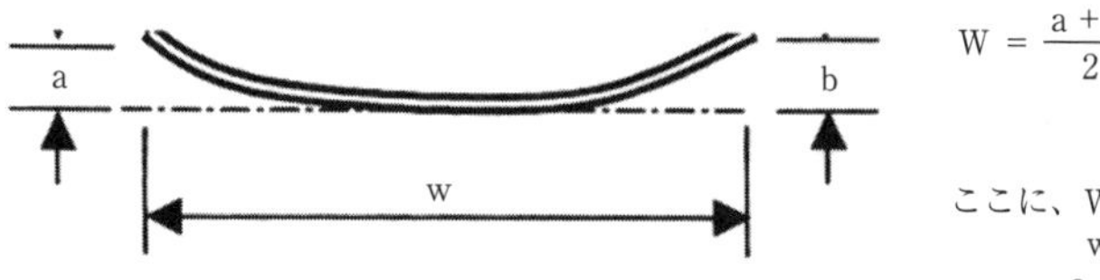

$$W = \frac{a+b}{2} \times \frac{1000}{w}$$

ここに、W ：1,000mm当たりの反り（mm）
w ：測定した辺の長さ（mm）
a、b：変形量（mm）

我が国でも既述したように反り対策技術が見当たらないため、日段工技術委員会は反りの測定方法を検討し、図2-29に示すような業界規格T-0003を作り、反り対応に当たった。

その後、少しの時間の経過に伴い、反りに対して明るい技術の導入が見られるようになった。

コルゲータの高速広幅化に伴い、スリッタースコアラの活用が高まっていったが、スリッターには二枚刃方式が用いられていたために段ボールの切れ味が悪く、半分くらい段が潰され惨めな形になっていた。

これを解決しくれたのが、図2-30に示すような一枚刃方式の出現である。

シャープな一枚刃は、常に研磨されながら段ボールをスリットしていくため段を全く潰すことなく切断するので、段ボールの内部の水分を効率よく放散するから反りに対して極めて有効に作用するものと推察される。

振り返ってみると、今まで我々が対処してきた反り対策は、発生した反りを直す方法、しかも水分を加えて修正することを考えてきたが、この辺で発想の転換をして、水分を可能な限り与えないで反りを作らないということを考えてみてはいかがだろうか。それを次項に述べてみたい。

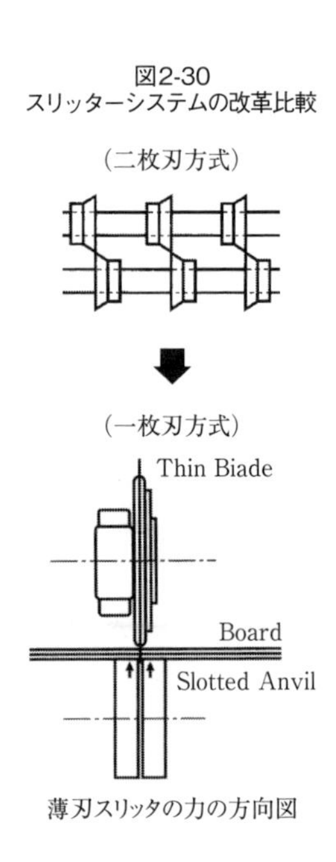

図2-30
スリッターシステムの改革比較

5.6　糊の理想的使用量の探求

筆者は段ボール接着の理想を求めて、接着力がどれくらいあれば段ボール箱が実用上問題なく使用できるかということを確認するため、正確な糊の使用量と接着力との関係を実験的に求め、それを基に現場試験を試みた。

5.6.1　基礎実験

たくさんのテストを行い、それらを集約し解析した結果を図2-31に示す。

この試験結果から推測できることは、いくら糊量を増やしても接着力はあまり上がらないということと、JISの接着力試験方法の性格から考えて、同じ糊量でもライナの品質が高まると若干接着力は強い値になる傾向があることを確認したが、その要因はライナの剛性強さに起因するものと推測した。

この基礎実験の結果から総合的に判断すると、澱粉の使用量はAフルートで5g/㎡、接着力200Nあれば実用上問題ないのではないかと推定した。しかし、箱を作って包装試験をすることはできなかったので一抹の不安を抱いていた。

図2-31　接着剤の使用量と接着強度

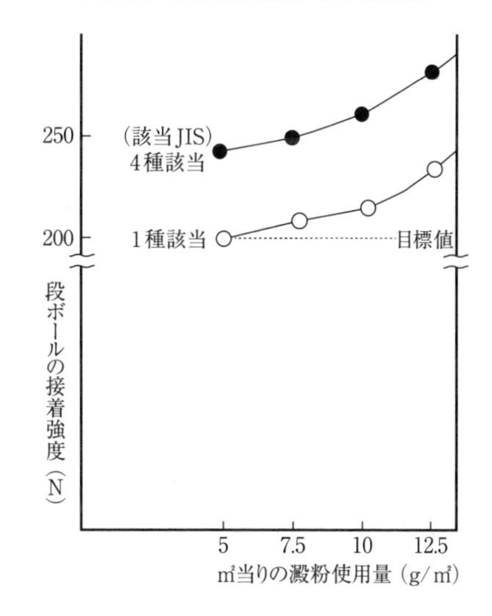

5.6.2　実用化に向けた包装試験

そして暫くすると、現場のコルゲータでテスト貼合する機会が巡ってきたので、アプリケータロールを可能なところまで絞って100mほど貼合してもらった。

原紙構成はA220×M120×A220、Aフルートで貼合し、酵素法で澱粉量を測定した結果5.2g/㎡であった。

そして、0201形のみかん箱(360×300×250㎜)を作り、箱圧縮試験と落下試験を行い接着部分の剥離がないかを確認することにした。

なお、落下試験には3種類のダミーを用いて60㎝から落下テストを行い詳細に確認したが、いずれの試験においても接着剥離は認められなかったので、澱粉の使用量は約5g/㎡を目標にすればよいのではないかという確信を持った。

しかし、あくまでも1回の試験貼合であり、本格的な大量生産を待ち望んでいたが、筆者が会社を退職した後も暫くは吉報を耳にすることがなかったので、実用化は無理ではないかとほぼ諦めていた。

ところが、今から10年ほど前に朗報が届いたのでここにお伝えしたい。

5.6.3　段ボール接着の理想像的証明の実現

筆者がこの実験をしてから20年以上の時が流れ、もうあの実験は夢であったかと絶望していたある時、突然二つの会社から連絡があり、見学したのでその概要について述べる（実名と詳述は避ける）。

(1) 関東地区のF社

訪問したのは平成20年10月29日で、貼合スピードは300m/min、澱粉使用量は5.3g/㎡、接着力はシングル側、ダブル側いずれも200Nを少し上回っていた。

製造責任者の指導ぶりは自信に満ち、素晴らしい印象だった。

その後、暫くして関西地区の段ボール会社からも見学の機会を得た。

(2) 関西地区のE社

訪問したのは平成25年11月15日で、貼合スピードは300m/min、澱粉使用量は5.3g/㎡、接着力はシングル側、ダブル側いずれも200Nを少し超えていた。

なお、同社は平成22年には年間澱粉使用量を4.6g/㎡で行った実績もあり、その時に320g/㎡以上のライナを使用した場合に両サイドで少し接着に甘さが見られたので翌年から5.3g/㎡に戻したとのことで、接着技術に対する自信を感じた。

また、オペレーター全員が貼合についてよく学んでおり素晴らしい熱意を感じた。

この2工場を見学して実感したことは、筆者の実験から考えていた段ボール接着の理想的な姿を完全に実現していただいたことで、感激の至りである。

もう一つ見逃せないことは、反りが全くないということであり、その要因は例えば、A-F段ボールの貼合に5g/㎡の澱粉を使用したとすると、段ボールへの水分は約15g/㎡になるので、段ボールの坪量を約640g/㎡とすれば約2%の水分が増えることになり、この辺りが反りの発生する分岐点になるのではないかと推測される。

前項で、反りについての新しい考え方を提案した理由もここにある。

5.7　貼合技術に偉大な足跡を遺した「記念講演」

我が国の段ボール貼合技術がまだ混迷を続けていた昭和50年代の後半に技術委員会では、業界全体での接着技術の更なるレベルアップを図るため、恒例の技術者大会に先進国アメリカから一流の講師をお招きしてお話をしていただいてはどうかという話題が浮上した。

相談の結果、王子ナショナル・スターチ・ケミカル社に広田部長、浅田専務を訪ねお願い致しましたところ、アメリカのナショナル・スターチ・ケミカル社のシッカフーズ研究部長に講演していただける幸運を掴むことができた。

ここには講演の詳細は省略するが、澱粉から糊を作り、どのようなメカニズムで接着が完結するか化学的な説明を受け、我々は深い感銘を受けた。

筆者は、この講演は、極めて実践的な内容であり聴講できなかった方々にも是非聴いていただきたいと思い再度、東京・名古屋・大阪・福岡地区の段工でも講演をしていただきたいとお願いし、それが実現して大変好評を博した。

筆者は、この講演の通訳を務めるという初体験を経験したこともあり、格別の感銘を忘れることができない。

後日、昭和60年の秋に渡米した際に、同社の中央研究所を訪問する機会を得て見学させていただいた時に、30㎝幅のテストシングルフェーサで200m/minのスピード貼合試験をしていたのを見て一層信頼性を高めた。

6 段ボールのJISと改正の由来

段ボールのJISは、1651年（昭和26年）にJIS Z 1506「外装用段ボール箱」の中に包含された形でスタートした。

昭和26年といえば、この年の段ボール生産量はわずか2,900万㎡程度であったから、恐らく大都市でも段ボール箱が実用されている姿を見るのは難しかったのではないかと想像される。

そんな時によくJISを作ったと感服していたが、つぶさに観察すると当時のアメリカの鉄道輸送規格R-41を導入したことが分かり再度驚愕し、我が国の物流条件に適合した形に改正する必要性を痛感した。

6.1 本格的なJIS作成への取り組み

既述のようにして作られたJISは表2-2に示す通りである。

表2-2 最初の段ボールのJIS規格

種類		破裂強サ(1) kg/㎠	水分(2) %
両面段ボール	1種	8.8以上	12.8以下
	2種	12.3以上	
	3種	14.0以上	
	4種	19.3以上	
	5種	24.5以上	
複両面段ボール	1種	14.0以上	
	2種	19.3以上	
	3種	24.5以上	
	4種	35.0以上	
	5種	42.0以上	

注 (1) 破裂強サは平均値を示す。 (2) 工場出荷時における段ボール水分とする。

アメリカの鉄道輸送規格R-41を導入した由来についての詳細は不明であったが、一部の方は日本からアメリカへ輸出する場合に便利であるから変える必要はないのではないかという意見もあり、当時の輸出品を調査したが陶器、缶詰、繊維製品程度であり、ほとんど恩恵を受けられないことを確認し、あのように広大な面積の国の規格をそのまま導入する矛盾を痛感して、日段工技術委員会で改正に取り組むことにした。

段ボールのJIS改正は、これ単独で進めたわけでなく段ボール箱を作るための必要物性を備えた素材として作ったものであるから、段ボール箱のJISと一体でなければならないのは当然であることと、当時ボックスメーカーへの段ボールシートの販売量が多かったこともあり、段ボール製品として単独の規格に分離することになった。

さて、実際にJIS作成に取り組んでみると、改正とはいえ実際は新設のようなもので次々に新しい困難な事実に遭遇し、大変な作業であったことを参画者一同が存分に実感した。

完成させるには多くの時間と労力を掛けてデータを集め、それを解析し、できるだけ不変性を想定する必要性を感じた。

実施に当たっては、調査期間を3年と決め、技術委員会の会員十数名の方に参画をお願いし、各自の会社が納入しているユーザーをできる限り多く選んでいただき、それらの箱の寸法と使用段ボールの材質から破裂強さの確認をしていただき、3年間に使用した段ボール材質の変化の有無をチェックしていただくことにした。

また、納入先ユーザーにお願いして内容品の種類と重さを教えていただくというご協力を仰いだ。

予定の3年という月日が流れ、参画会員にはそのデータを持参していただき、当時の千代田紙工㈱のご厚意で湯河原にある社員寮を借用させていただき、3日間かけておよそ2,000を超えるデータを丹念に解析し、層別してまとめ上げたのが表2-3に示す新しい段ボールのJISである。

表2-3　外装用段ボールの規格（JIS Z 1516）

種類		記号	破裂強さ kPa
両面段ボール	1種	S-1	640以上
	2種	S-2	785以上
	3種	S-3	1,180以上
	4種	S-4	1,570以上
複両面段ボール	1種	D-1	785以上
	2種	D-2	980以上
	3種	D-3	1,380以上
	4種	D-4	1,770以上

参考
段ボールの破裂強さの計算は、次の式によって行う。
(1) 両面段ボールの破裂強さ＝表ライナ破裂強さ＋裏ライナ破裂強さ
(2) 複両面段ボールの破裂強さ＝表ライナ破裂強さ＋中ライナ破裂強さ＋裏ライナ破裂強さ
　複両面段ボールの中ライナとして、中しんを使用する場合は、比破裂強さを1.27kPa・m²/gとする。

JIS制定に当たって最も難航したのは、販売する段ボール一枚一枚が製品であるのでJIS表示マークを付けることが義務付けられたが、これは大変な難業になるので困惑したものの最終的には納入伝票に証印することで決着を得た。

7 段ボールの性能

段ボールの性能は、箱を作るために必要な強度を規格化しているもので、JISで決められているのは前述したように破裂強さが唯一の規格であり、欧米に比べ物寂しさを感ずる。

近時、我が国の物流の著しい発展により、社会の要求する段ボールの性能も変化が期待されてきたのではないかという気配が感じられる。

7.1　JISで規格化されている段ボールの性能

段ボールの破裂強さは、欧米の先進国でもオーソライズされた規格の一つとして取り上げられており、段ボール強度の根底になっている。

7.1.1　破裂強さ

段ボールの破裂強さの役割は、段ボール箱が物流過程で衝撃を受けた時に破れて内容商品が飛び出さないように守るための性能であるから、箱が大きくなったり、内容品が重くなったりするほど、強い強度が必要になるということが規格化されていると分かる。

従って、段ボールの破裂強さの根幹は、使用するライナの破裂強さによって構築され次式のようになるので、一例を挙げて計算してみる。

$$Cb = sLb + (mLb) + bLb$$

			[計算例]	
			（両面）	（複両面）
ただし、	Cb	：段ボールの破裂強さ（kPa）	666kPa	999kPa
	sLb	：表ライナの破裂強さ（kPa）	333kPa	333kPa
	(mLb)	：中ライナの破裂強さ（kPa）	—	333kPa
	bLb	：裏ライナの破裂強さ（kPa）	333kPa	333kPa

ただし、複両面段ボールの中ライナに中しんを使う場合、中しんには破裂強さのJIS規格が無いので比破裂強さを1.27kPa/㎠として計算する。

なお、段ボールの破裂強さ試験方法については、ライナ破裂強さの項で述べたので省略するが、特筆すべきことは試験片の締め付け圧にあり、両面段ボールは785kPa、複両面段ボールは1,177kPa以上加圧して行うことを厳守すること。もう一つの大事なことは、破裂した時の最大圧力はダイヤルゲージで示されるので、ダイヤルゲージの精度が非常に大切であり少なくとも毎月1回は基準型圧力計、または基準液柱圧力計によって検定しなければならないことである。

このように段ボールの破裂強さは、JISで規定されている唯一の規格であり、取引上でも重要な役割を持っていることを考慮し、日段工技術委員会では会員会社に納入されるライナを無差別にサンプリングし、それらを当時の産工試に破裂試験をしていただき、その結果を基に板紙連合会の技術委員会の方々と定期的なミーティングを行い、品質の安定性と信頼性を高めてきた。

さて、破裂強さ試験に用いられるミューレン破裂試験機がアメリカの段ボール業界で使用され始めたのは、今から100年以上も前の1907年と伝えられている。

レンゴー㈱中央研究所には、筆者が入社した時には既にアメリカから輸入したミューレン破裂試験機が備えられており、各工場のスタンダードとして扱われていた。

破裂試験といえば、それにまつわる愉快なエピソードを一つ紹介してみたい。

確か、昭和40年代の初め頃だと記憶しているが、一人のソ連人が某商社の方を伴って段ボールの破裂試験の測定を依頼してきたことがあった。

測定が終わった後に、筆者がソ連では段ボール箱の品質評価にどんな試験をされているのか尋ねてみた時、彼は「長靴で一蹴りして破れなければOKです」と笑いながら答えが返ってきたので、筆者も釣られて一緒に笑ってしまい、お互いに暖かい握手を交わしたことが思い出される。

その真意のほどは読者のご想像にお任せしたい。

7.2　JISに規格化されていない段ボールの性能

現在、JISには数値で規格化されていない性能ではあるが、段ボールが構造体として極めて重要であり、その試験方法はJIS Z 0401「段ボールの圧縮試験方法」として決められているので、以下に垂直圧縮強さと平面圧縮強さについて述べる。

7.2.1　垂直圧縮強さ（Edge crush strength）

段ボールの圧縮強さは、段ボールが構造体としての真価を示す極めて大事な性能であり、使用する原紙のリングクラッシュ強さとの関連が強く、また箱の圧縮強さとも密接な関係があるため、欧米では後記するように既に規格化されている。

垂直圧縮強さの測定には、試験片の形状が非常に重要であると考え、筆者はかつて当時アメリカのASTM／TAPPIで使われていた形状を参考にして、いくつかの形状を想定して作りJISの形状を決定するための参考に資料として検討してみた。

(1) JISの試験片の形状の決定

筆者は、この試験には加圧面の平行度が極めて重要であると考え、アメリカの試験片のように加圧面を強化するか、それとも切り込みを入れて加圧するような形態の方がよいのかということを念頭に置き、いくつかの形状を考えて代表的な両面段ボールと複両面段ボールについて試験を行った結果を図2-32に示す。

なお、測定値の単位は当時の測定したままで示してある。

図2-32　試験片の形状別垂直圧縮強さ比較

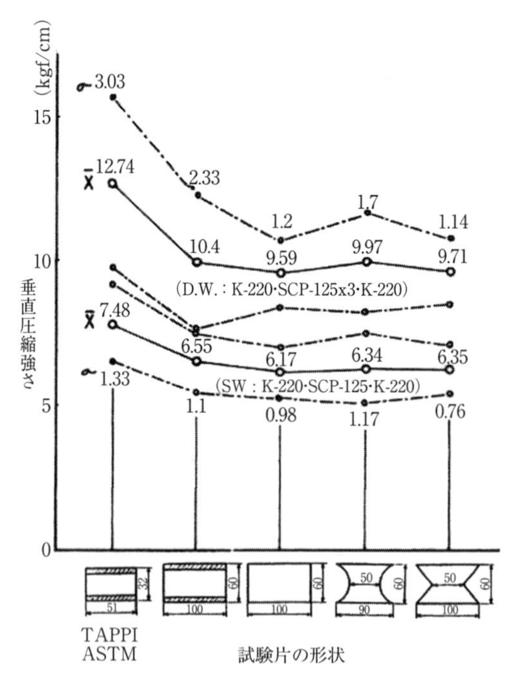

図2-33　JISの試験片形状

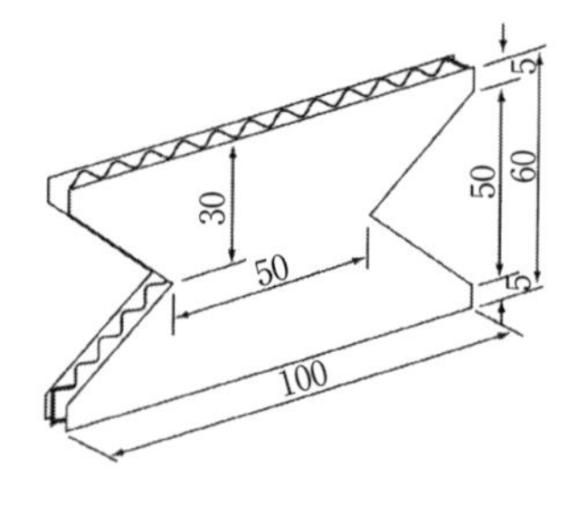

これらの基礎試験を基にどんな形状にしたらよいか、また常に正確に試料を作ることができるか検討した結果、まず段ボールを50×100㎜に切断し、上下5㎜を残して直角に切り込みを入れれば図2-33に示すように、ちょうど圧縮に寄与する部分が50㎜となり計算もしやすいことが判明したので、早速試験機メーカーに切り込み用のカッター作成を依頼し完成したので、JISの試験片に採用していただくことにした。

(2) 垂直圧縮強さは段ボールの構造的強さの立証

既述したように、原紙の項の図1-8に示したように原紙の繊維の配向性により、リングクラッシュ強さのタテ／ヨコ比は約1.5倍タテ方向が強いことを述べたが、残念なことに段ボールを作る場合には、一番弱いヨコ方向が箱圧縮強さ方向に使うという宿命になってしまうことである。

ところが、段ボールを作りタテ／ヨコ方向の垂直圧縮強さを測定してみると、図2-34に示すように原紙の方向性と逆になることが分かる。

ここに段ボールの構造体としての価値が証明されていることが理解できる。

図2-34　原紙と段ボールの圧縮強度比較

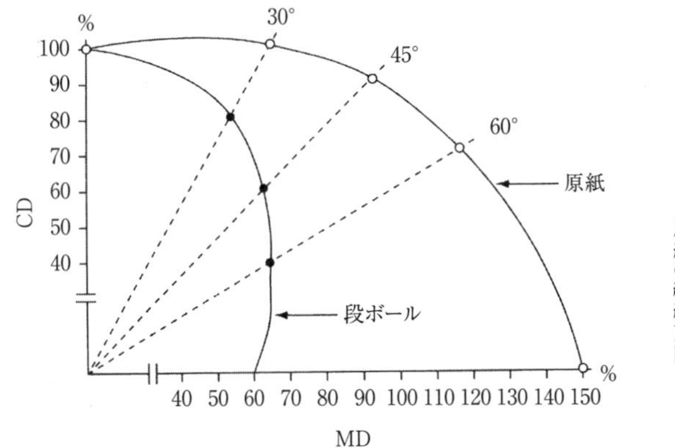

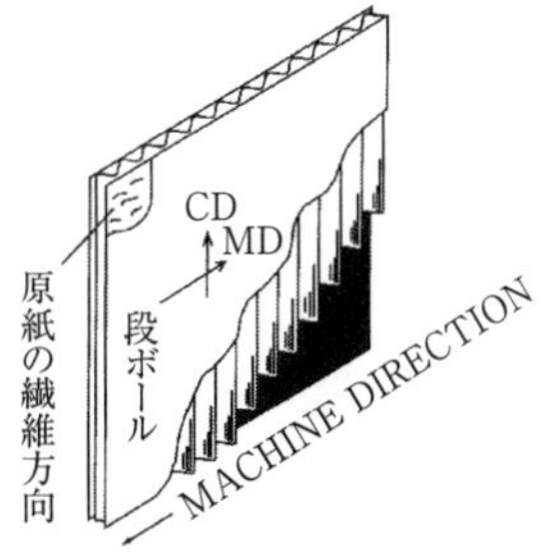

(3) 垂直圧縮強さの試験片統一の国際会議

1983年(昭和58年) ISO (International Standard for Organization) はICCA (International Corrugated Case Association) に対し、当時世界の段ボールメーカーで行われていた圧縮強さの試験片の統一を図るように勧告した。

世界中といっても当時、実際に使われていたのは図2-35に示すように日本とアメリカとFEFCO (European Federation of Corrugated Board Manufacturers) の3種類であった。

図2-35　世界で使用されている三つの形状

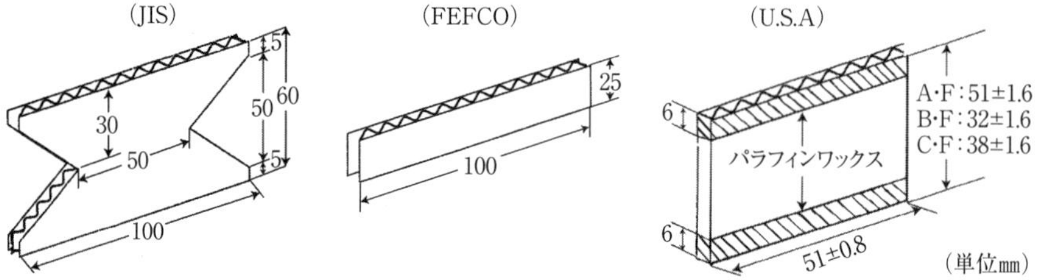

早速、ICCAは世界の会員国に呼び掛け国際技術会議を開催することになり、筆者は日本代表で参加したので、その時の概要について述べてみたい。

ICCAの会員国はほとんどがヨーロッパの国なので、国際会議はヨーロッパで3回行われた。

第1回会議 (1984.12.25～26)

場　所：西ドイツ・ダムシュタット

参加国：日本ほか8カ国およびICCA40名

内　容：垂直圧縮試験の現状説明

第2回会議 (1985.12.9～10)

場　所：イタリア・ローマ

参加国：日本ほか12カ国およびICCA30名

内　容：試験片作り、試験データの作り方、試験国の決定

第3回会議（1986.6.21）

場　所：オーストリア・ザルツブルグ

参加国：日本欠席／FEFCO総会と兼ねて実施された

内　容：試験結果のまとめを発表

国際会議の内容については膨大なものになるので詳細は掲載を省略するが、日本からは前記した試験片を直角に切り込むカッターを予め第2回会議に間に合うようにFEFCOに送り込み、会議の当日に説明を行うとともに会議の席上で試験片作成の実演を行った。

2回行った会議の結論は、測定の精度を高めるため、ヨーロッパの会員段ボールメーカーで作った段ボールで試験片を作り、それを数カ国の会員の会社で測定し、測定データはFEFCOの本部に送り集計していただくことが決定された。

試験片作成には、イタリアのSIVA社で両面と複両面3種類ずつ計6種類を作り、試験片をヨーロッパ5社、日本とアメリカの計7カ国（社）で測定することになった。

測定結果の集約、解析結果

図2-36　段ボールの種類と垂直圧縮強さ

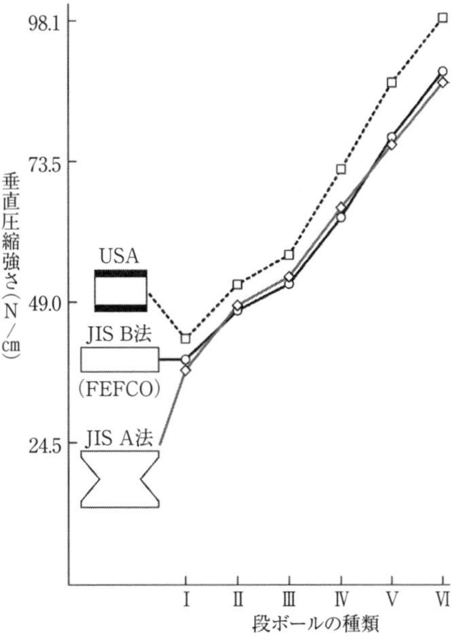

は数十頁の小冊子にまとめられ、ICCA会員国に送付されてきたが、測定結果の結論としては図2-36に示すようにFEFCOとJISの結果の平均値はほとんど一致していることが明白になったことと、ここに測定結果の詳細は記載していないが、JISの試験片の方が測定値のバラツキが最も少なかったという高い評価を得た。

この結果をもってISOに対しては、暫くはFEFCOとJISの2本立てで行きたい旨の意思表示をし、了解を得た。

7.2.2　平面圧縮強さ（Flat crush strength）

平面圧縮強さは、段ボールの構造体を平面的に支える大黒柱といえる一番大事な強度である。

また、平面圧縮強さは平面だけでなく前項で述べた垂直圧縮強さとも密接な関係があり、段ボールを立体的に支える役割をしている。

平面圧縮強さを構成する要素は、次に挙げる二つが基本になる。

平面圧縮強さを構成する要因
- 中しんの平面圧縮強さ／C.M.T
- 段ボールの製造技術

(1) 中しんの平面圧縮強さ／C.M.T

中しんの平面圧縮強さ／C.M.Tについては、第1章2.2 (4) で述べたが、大事なことなのでここでもう一度確認してみたい。

何故かといえば、この強度を確実に把握しておかないと、良い段ボールが作れたかどうか分かりにくいからである。

では、中しんのC.M.Tを知っているとどんな取り組みができるかといえば、ありがたいことに既にアメリカでは多くの経験から図2-37に示すような

C.M.Tが分かれば、それを基に計算によって理論的に段ボールの平面圧縮強さが推定できる計算式を作っているからである。

図2-37　中しんのC.M.Tからフラットクラッシュ強さの計算

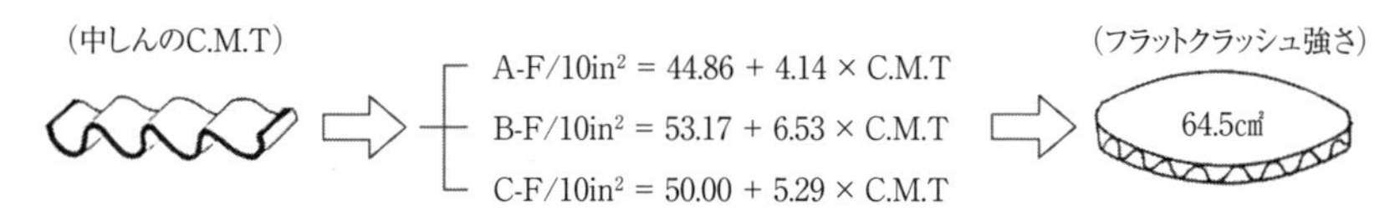

ちなみに、C.M.Tが153NあるB-120中しんを使用して段ボールを作ると、出来上がった段ボールの平面圧縮強さはどれくらいになるか計算してみる。

AF／$10in^2$ = 44.86＋4.14×34.4 = 187.3lbf = 85kgf／64.5㎠ = 129.3kPa

BF／$10in^2$ = 53.17＋6.53×34.4 = 277.8lbf = 126.8kgf／64.5㎠ = 191.7kPa

CF／$10in^2$ = 50.00＋5.29×34.4 = 232.0lbf = 105.5kgf／64.5㎠ = 160.5kPa

(2) 段ボールの製造技術

いくら良い中しんを使って段ボールを作ろうとしても、それを上手く使いこなせないと硬くて強い段ボールは生まれてこない。

ここにあえて「硬くて」と表現したのは、今から40年ほど前の昭和50年前後には、ユーザーに箱を納入した時に段ボール箱のフラップの部分を人差し指と親指で押し潰した感触で「硬い」とか「柔らかい」とか言われ、段ボールの品質評価をされていた言葉が懐かしく思い出される。

その時に「柔らかい」という評価された段ボールは、前記した不整段と糊の使い過ぎが原因であったと判断されるが、フィンガーレスシングルフェーサの開発のおかげで、そんな言葉もほとんど姿を消したようになってきたのは嬉しい限りである。

第3章
段ボール箱

第3章　段ボール箱

段ボール箱は、段ボールを素原料として色々な種類の箱を作ることができるが、一般的には輸送箱として長い段ボール産業の歴史の中で圧倒的に高い使用実績を持つ0201形箱が代表的である。

従って、段ボール箱のJISも0201形箱を前提に種々の規格が作られているが、その理由を考えてみると極めて生産性に優れ、箱圧縮強度にも卓越した性能を発揮するので、あらゆる商品の包装機能に適合できるからではないかと考えられる。

次頁から0201形箱を中心に話を進めてみる。

1　段ボール箱の歴史

段ボール箱が初めて作られたのは、1894年（明治27年）アメリカにおいて段ボールシートに溝切りと裁断を施して箱を作ったのが始まりであると伝えられている。

1910年（明治43年）頃にはアメリカで木箱から段ボール箱への転換が開始され、1918年（大正7年）には鉄道輸送に段ボール箱の使用が本格化された。

我が国においては、1951年（昭和26年）に終戦後の乱伐により森林を守るための「森林法」の改正が行われ木材の乱伐が防止された結果、木材の価格が高騰し、段ボール箱への転換機運が一挙に高まってきた。

そして、その年に第3次吉田内閣が木箱包装を段ボール箱に切り替えることを閣議決定した。

1958年（昭和33年）には青果物の段ボール普及会が発足し、青果物の段ボール包装化がスタートすることになった。

このように恵まれたチャンスの到来により、段ボール箱の品質を保証するための規格化の必要性が生じた。

2　段ボール箱のJISと改正の由来

段ボール箱のJIS制定は、1950年（昭和25年）にJIS Z 1501「輸出品外装用段ボール箱」としてスタートしていた。

このJISは、既に廃止になっているため規格の内容がどんなものであったかは不明であるが、当時の我が国の段ボールの生産量から推察してみると、輸出用の段ボール箱のJISを作ったということは、我が国の商品を段ボール箱を使って外国にどんどん輸出したいという段ボール産業発展の大きな夢を描いていたのではないかと想像すると、先人方の熱意に頭が下がる。

そして、その翌年の1951年（昭和26年）に、現在のJISの前身であるJIS Z 1506「外装用段ボール箱」が作られているが、このJISは前記した段ボールのJISと同時にアメリカからの導入であった。

2.1　本格的なJIS改正への取り組み

前記した理由で作られた段ボール箱のJISは、表3-1に示す通りであり、このJISは、前記したアメリカの鉄道輸送規格R-41を導入し、規格に使われていた単位を日本の単位に換算したものであった。我が国での実用には矛盾が生ずるのではないかと考え、我が国の物流実態に即したJISに改正することにした。

改正は前記した段ボールのJISと一体化して行われた。

段ボール箱のJIS改正は、段ボールの性能と一体化しているため改正の作業は段ボールのJIS改正の作業と同時に行ったので、内容についての記載は省略するが、改正のポイントは当時の物流条件を十分に加味して作成し検討した結果、表3-2に示すようになった。

表3-1　最初の段ボールJIS規格

種類		使用する段ボール[1]	包装制限	
			最大総重量 kg	最大内積寸法（長サ、幅、高サの外ノリ寸法の和） cm
両面段ボール箱	1種	両面段ボール　1種	9.1	102
	2種	両面段ボール　2種	18.2	153
	3種	両面段ボール　3種	29.5	191
	4種	両面段ボール　4種	40.8	229
	5種	両面段ボール　5種	54.4	254
複両面段ボール箱	1種	複両面段ボール 1種	29.5	191
	2種	複両面段ボール 2種	40.8	229
	3種	複両面段ボール 3種	54.4	254
	4種	複両面段ボール 4種	63.5	279
	5種	複両面段ボール 5種	72.6	305

注　(1)使用する段ボールの種類は、JIS-1516(外装用段ボール)による。

表3-2　外装用段ボール箱の規格(JIS Z 1506)

種類		記号	使用する段ボール	包装制限[1]	
				最大総質量[2] kg	最大内のり寸法[3] cm
両面段ボール箱	1種	CS-1	両面段ボール　1種	10	120
	2種	CS-2	両面段ボール　2種	20	150
	3種	CS-3	両面段ボール　3種	30	175
	4種	CS-4	両面段ボール　4種	40	200
複両面段ボール箱	1種	CD-1	複両面段ボール 1種	20	150
	2種	CD-2	複両面段ボール 2種	30	175
	3種	CD-3	複両面段ボール 3種	40	200
	4種	CD-4	複両面段ボール 4種	50	250

注　(1)包装制限は、JIS Z 1507(段ボール箱の形式)の0201形を基準としたものである。
(2)最大総質量は、内容品質量と包装材料質量の和の最大値を示す。
(3)最大内のり寸法は、長さ、幅及び深さの内のり寸法の和の最大値を示す。

段ボール箱のJIS改正の最大のポイントは包装制限にあり、包装する商品の質量と大きさから、その商品を入れる段ボール箱の寸法を決め、この二つの条件から使用する段ボールの性能（破裂強さ）を選ぶ。

そして、使用する段ボールの必要破裂強さが分かれば、その段ボールを作るのに必要なライナを決めることができるという一連の仕組みになる。

例えば、質量が10kgで寸法が360×300×250㎜の商品を包装したい場合に使用する段ボール、更に使用ライナを決めるにはどのようにしたらよいか試算してみる。

なお、ここで注意すべきことは表3-2の欄外（2）に示してあるように総質量とは、商品の質量と包装材料の質量（使用する段ボールの質量）の合計質量になるが、この段階ではまだ使用する段ボールが決まっておらず質量が分からないので概算し、包装商品の5%として加算する。

表3-2 ↓

包装制限
- 最大総質量 ＝ 10×1.05＝10.5kg → CS-2
- 最大内のり寸法 ＝ 36＋30＋25＝91㎝ → CS-1

→ [CS-2] に決定（悪い条件を優先）

⬇

表2-3 → CS-2の破裂強さ —JIS Z 1516 外装用段ボール→ 785kPa

⬇

使用ライナの破裂強さ ＝ 785÷2 ＝ 392.5kPa

⬇

JIS Z 3902「段ボール用ライナ」 —近いものを探す→ [C-210] ＝ 412kPa となる。

このようにして包装制限は段ボール箱の包装設計の基本になるが、ここに段ボールのJISと段ボール箱のJISを一体化したものを表3-3に示すが、このようにまとめておくと包装設計をする場合に簡単で便利であるので、活用されることを推奨したい。

表3-3　段ボールと箱のJIS併記

	JIS Z 1506 段ボール箱の種類				JIS Z 1516 段ボールの種類及び破裂強さ		
種類		記号	最大総質量 kg	最大寸法 cm		記号	破裂強さ kPa
両面段ボール箱	1種	CS-1	10	120	1種	S-1	640以上
	2種	CS-2	20	150	2種	S-2	785以上
	3種	CS-3	30	175	3種	S-3	1,180以上
	4種	CS-4	40	200	4種	S-4	1,570以上
複両面段ボール箱	1種	CD-1	20	150	1種	D-1	785以上
	2種	CD-2	30	175	2種	D-2	980以上
	3種	CD-3	40	200	3種	D-3	1,380以上
	4種	CD-4	50	250	4種	D-4	1,770以上

最大総質量は、内容品質量と段ボール質量の和の最大値をいう。
最大寸法は、長さ、幅及び深さの内のり寸法の和の最大値をいう。

3　Rule-41の段ボール包装規格

世界に冠たるRule-41（以下R-41と略す）について紹介してみたいと思う。

正確にはRule-41/Item-222と呼称されており、アメリカ大陸鉄道の「Uniform Freight Classification」と自動車輸送業の「National Motor Freight Classification」のItem-222（以下I-222と略す）シリーズに規定されており、世界中で通称「Rule-41/Item-222」として周知されている。

この規格は、州間産業委員会の認可の下に運送会社の運送サービス条件（包装を含む）および運賃を記載した運賃表が定められたものであり、運送会社は適正に包装された商品が安全に配達されなかった場合は、その責任を負わなければならない仕組みになっている。

筆者も、この規格を求めて1964年（昭和39年）秋にシカゴで入手したことがあるが、その内容は数百頁に及ぶ膨大なもので驚嘆したことが思い出される。

また、1992年（平成4年）には日段工技術委員会で勉強会を兼ねて約1年間、その一部を会員全員で分担して翻訳し「Rule-41/Item-222（1992年改訂版）」として小冊子にして出版したことが懐かしく思い出される。

従って、ここに紹介するといっても、規格のごく一部分に限られることをお断りしておきたい。

3.1　R-41/I-222の包装規格

この規格が作られた経緯について調べてみると、1919年（大正8年）に鉄道輸送規格が統合されてR-41となり、段ボールに使用されるライナの合計質量とミューレン破裂強さの最低値が規定されている。

1968年（昭和43年）にトラック輸送規格を定めたI-222が制定された。

1991年（平成3年）にR-41/I-222の改正が行われ、破裂強さと使用ライナの坪量の代わりに垂直圧縮強さ（ECT）を使用できるようになり、より軽量のライナ構成の段ボールが使用できるようになった。

この規格の作成には、次の4業界が参画して協議し同意の上、作り上げられているので大変権威あるものになっている。

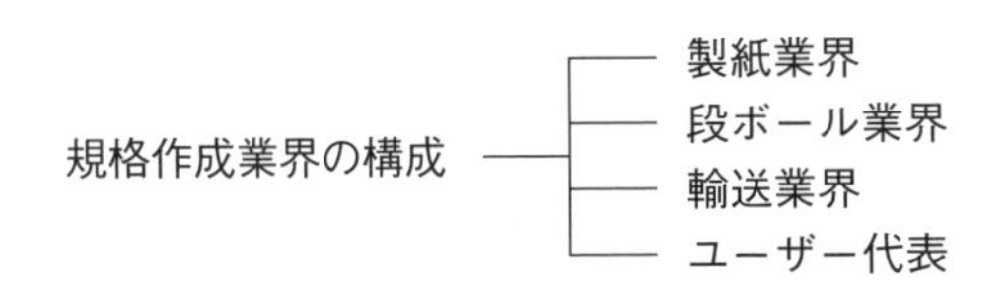

表3-4　R-41/I-222の包装規格

	箱と中身の最大質量 lbs. (kg)	箱の最大外のり寸法(※1) Inches (cm)	TABLE A 最低破裂強さ lbs./in.^{2} (kPa)	TABLE A 最低衝撃穴あけ強さ In.-oz. (J)	TABLE A 最低ライナ合計質量(※2) lbs./Mft^2. (g/m²)	TABLE B 最低垂直圧縮強さ lbs./in. (kN/m)
両面段ボール	20 (9.1)	40 (102)	125 (862)	—	52 (254)	23 (4.0)
	35 (15.9)	50 (127)	150 (1,034)	—	66 (322)	26 (4.6)
	50 (22.7)	60 (152)	175 (1,207)	—	75 (366)	29 (5.1)
	65 (29.5)	75 (191)	200 (1,379)	—	84 (410)	32 (5.6)
	80 (36.3)	85 (216)	250 (1,724)	—	111 (542)	40 (7.0)
	95 (43.1)	95 (241)	275 (1,896)	—	138 (673)	44 (7.7)
	120 (54.4)	105 (267)	350 (2,413)	—	180 (878)	55 (9.6)
複両面段ボール	80 (36.3)	85 (216)	200 (1,379)	—	92 (449)	42 (7.4)
	100 (45.4)	95 (241)	275 (1,896)	—	110 (537)	48 (8.4)
	120 (54.4)	105 (267)	350 (2,413)	—	126 (615)	51 (8.9)
	140 (63.5)	110 (279)	400 (2,758)	—	180 (878)	61 (10.7)
	160 (72.6)	115 (292)	500 (3,447)	—	222 (1,083)	71 (12.4)
	180 (81.6)	120 (305)	600 (4,137)	—	270 (1,318)	82 (14.4)
複々両面段ボール	240 (108.9)	110 (279)	—	700 (20.9)	168 (820)	67 (11.7)
	260 (117.9)	115 (292)	—	900 (26.9)	222 (1,082)	80 (14.0)
	280 (127.0)	120 (305)	—	1,100 (32.9)	264 (1,288)	90 (15.8)
	300 (136.1)	125 (318)	—	1,300 (38.9)	360 (1,757)	112 (19.6)
ソリッドファイバー	20 (9.1)	40 (102)	125 (862)	—	114 (556)	—
	40 (18.1)	60 (152)	175 (1,207)	—	149 (727)	—
	65 (29.5)	75 (191)	200 (1,379)	—	190 (927)	—
	90 (40.8)	90 (229)	275 (1,896)	—	237 (1,157)	—
	120 (54.4)	100 (254)	350 (2,413)	—	283 (1,381)	—

※1　箱の長さ、幅及び高さの外のり寸法を加算したもの。
※2　段ボールの場合は、段成形された中しんを除くライナの質量を合計したものである。
※3　なお、複両面段ボールなどで中ライナとして中しんを使用した場合には、ライナとして加算する。

この規格には、表3-4に示すように輸送包装に使われ素材として両面、複両面段ボールのほかに、トリプルウォールとソリッドファイバーが含まれ、合計4種類になっている。

3.1.1　段ボールメーカーにおける保証マーク

(1) 保証マークの大きさは、直径3＋1/4in (76.2＋6.35㎜)

(2) 破裂強さまたは垂直圧縮強さ、いずれのマークを実用してもよい。

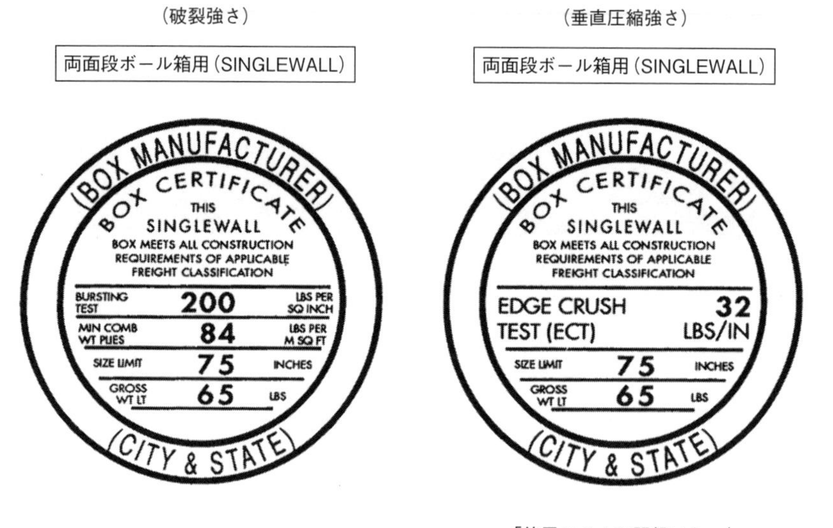

「使用ライナの記録はない」

(3) 保証マークの記述は下記の通りとする。

①破裂強さ：lbs/in^{2}以上

②使用ライナの合計：lbs/Mft^{2}以上

複両面、複々両面段ボールは、中ライナを含む合計坪量

③寸法制限（最大外のり寸法）：in以上
④質量制限（箱と内容品の合計質量）：lbs以下
⑤衝撃穴あけ強さ：in/oz以上
⑥垂直圧縮強さ（ECT）：lbs/in以上

3.1.2　JISとR-41/I-222の対比

ここに、参考までに現在のJISとR-41/I-222の大きな違いを比較してみると、以下のようになる。

(1) 種類：JISには、トリプルウォール、ソリッドファイバーはない。
「現在、プラスチック廃棄物が地球上、特に海洋投棄が海洋生物に対し大問題になっているので、通い箱として適しているソリッドファイバーの生産が少ない日本では、見直されるのではないだろうか」

(2) 性能：JISには、垂直圧縮強さの規格はない。
「ユーザーニーズは箱圧縮強さの要請が強いので、その原点ともいえる重要な性能であり、既に欧米では規格化している現実などから判断し、我が国でも規格化は一考に値するのではないだろうか」

(3) 使用ライナの規定：JISには規定されていない。
「我が国の原紙の種類は多様化しており、JIS改定時に種々検討はしたが原紙の種類が多いため非常に複雑で規定するのは難しいと判断した経緯もあるが、最近では物流の改革が進んでおり更なる段ボールの軽量化も進むと思われるので、そろそろ時代に即応した日本独自のライナの種類の一本化の実現を期待したいものである」

4　FEFCOの段ボール規格

FEFCOとは、European Federation of Corrugated Board Manu-Factures の略称で欧州段ボール連盟と翻訳されている。

FEFCOはアメリカのR-41より馴染みはやや薄いが、欧州24カ国の段ボール産業団体の連合体で、本部をベルギーのブリュッセルに置き、ICCAの支局を兼務している。

FEFCOが設立されたのは1952年（昭和27年）で、「統計、マーケティング、生産技術、標準等に関する研究、段ボール需要に影響を与える総合包装材や環境問題等」を主たる活動としている。

また、「技術セミナー」と「マーケティング」を隔年に行っていることは周知の通りである。

そして、「段ボール生産マニュアル」を毎年発刊しており、FEFCO会員国の段ボール生産内容が克明に掲載されていたので、筆者もかつてはしばしば愛読していた。

4.1　FEFCOの段ボール性能規格

FEFCOの段ボール性能規格は表3-5に示すが、我が国と同様に両面と複両面段ボールが規格化されている。

ただし、両面段ボールは2種類に分けられており、性能は破裂強さを基本とし、包装する内容品の特性に応じて衝撃穴あけ強さを選ぶか、垂直圧縮強さにするか、いずれかを選択するように構築されており、ユーザーへの細かい配慮が感ぜられる。

また、規格値には以前からSIが使用されており、時代の流れに即応した積極性が明白に表現されている。

表3-5　FEFCOの段ボール規格

FEFCO CLASSIFICATION FOR QUALITY GRADES OF CONVERTED CORRUGATED BOARD[37]
(minimum average values in S.I. units — equivalent U.S. units in parenthesis)

	Grade	Burst kPa (psi)	Puncture J※ (PU)	Edgecrush kN/m (lb/in)
Class I	11	500(73)	2.5(83)	
	12	700(102)	3.0(100)	
Single wall	13	900(131)	3.5(117)	
	14	1,200(175)	4.0(133)	
	15	1,500(218)	5.0(167)	
	16	2,000(290)	6.5(217)	
Class II	21	400(58)		2.5(14)
	22	600(87)		3.0(17)
Single wall	23	800(116)		4.0(23)
	24	1,000(145)		5.0(29)
	25	1,300(189)		6.0(34)
	26	1,800(261)		7.0(40)
Class III	31	800(116)		6.0(34)
	32	1,100(160)		6.5(37)
Double wall	33	1,400(203)		7.5(43)
	34	1,800(261)		9.0(51)
	35	2,400(348)		12.0(69)
	36	2,600(377)		15.0(86)
	37	2,800(406)		18.0(103)

Class 1：Recommended for the basic ability of the case to contain contents (containability).
Class 2：Recommended for extra resistance to compression of the case (compressibility).
Class 3：As for Class 2, but with additional protection such as shock.
※J = Joules (SI Metric unit)

4.2　JISとFEFCOの対比

ここに、参考までに現在のJISとFEFCOとの大きな違いを比較してみると以下のようになる。

(1) 種類：規格化されている段ボールの種類は両面、複両面と、JISと同じであるが、JISとの違いは、両面を更に2クラスに大別し、複両面も含めそれぞれ6種類に細分類しており、ユーザーニーズに対して幅広い対応がなされているように感じられる。

(2) 破裂強さ：破裂強さの規格化はJISと同様である。

「しかし、種類が多いことから当然ではあるが、特に両面段ボールの最低値を比較してみるとJISよりもはるかに低く規定されており、段ボール包装の軽量化が進んでいることが予想できる」

(3) 衝撃穴あけ強さ：JISには規定されていない。

「外部からの衝撃を考慮してこの規格を規定しているのは、ヨーロッパでは伝統を重んじる傾向が強く、筆者もしばしばヨーロッパを訪れたことがあるが、その折に町中でたくさんの青果物が木箱に入れられて展示されていた光景を思い出し、日本との違いを感じた」

(4) 垂直圧縮強さ：JISには規定されていない。

「伝統を重んじる一方、新しいものへの欲求も旺盛なヨーロッパでは、いち早くアメリカと同様にこの規格を取り入れ今後に対応している」

5 段ボール箱の形式のJIS

最初の段ボール箱の形式のJISは、ファイバー箱も合体さていたので正確にはJIS Z 1507「段ボール箱及びファイバー箱の形式」として1951年（昭和26年）に制定され、その後見直し確認が行われたが、昔懐かしい当時の次に示す3形式が思い出される。

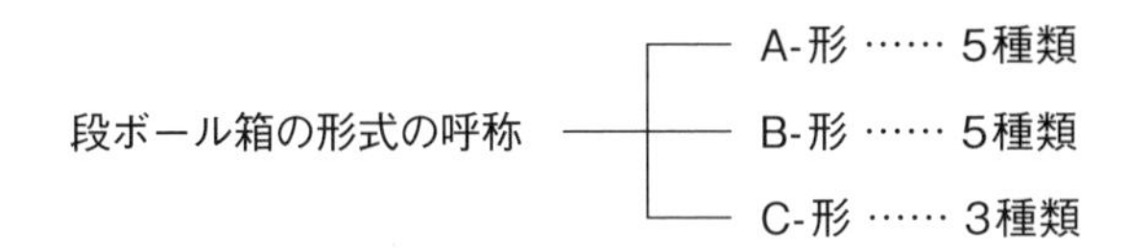

これら3形式、合計13種類でスタートしたが、その後段ボール箱の使用範囲が急速に広がり、特に青果物に組み立て式の平箱がたくさん輸送箱として用いられるようになった。

このような市場の動向を踏まえて、工業技術院からの委託もあり日段工の技術委員会で1987年（昭和62年）JIS改定の検討をすることになった。

当時、FEFCOではSBO (European Solid Board Organization) との共同作業により、異なる言語国でも使用することができるように数字化されたIFC (International Fiberboard Casecode) コードが開発されていたので、我々もこれを採用するという前提で検討を進めることにした。

採用に当たっては、我が国で生産しているソリッドボード業界に問い合わせし、改訂に参加されるか否か確認したが、外装箱は作っていないことが分かった。

また、電気工業会、全農など箱の形式に関係が深い主なユーザー団体のご意向も確認して推進した。

ユーザーからの希望として当時のIFCの規格には無いが、我が国で使用されている二つの箱の形式が浮かび上がり、IFCに登録していただけるか否かについて、当時パリにあったFEFCOの事務局に問い合わせ交渉をすることになった。

連絡、交渉には筆者が当たることになり、手紙で7〜8回、数カ月間掛けて交渉した結果、IFCから登録認可を得ることができた。

二つの形式と登録決定番号は図3-1に示す通りである。

図3-1　新たにIFCに登録された二つの箱の形式

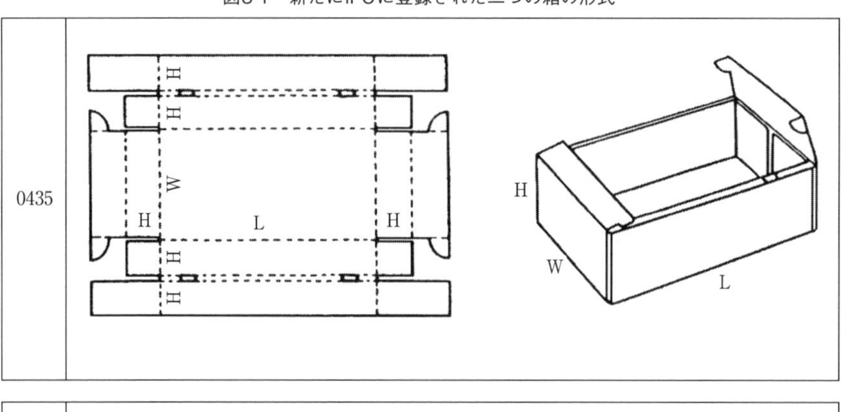

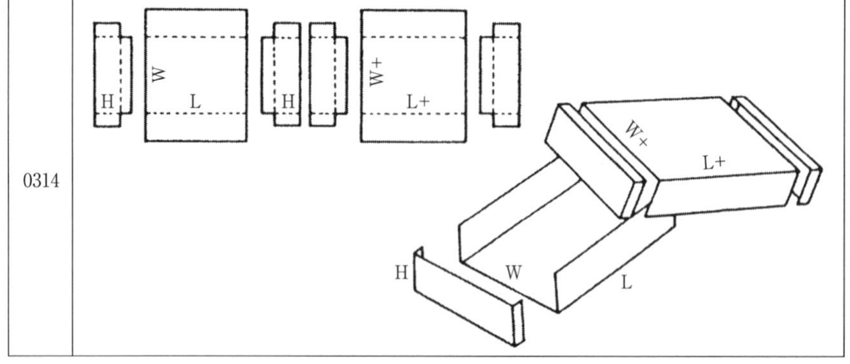

当時、IFCに登録されていた箱の形式は96種類、付属類は45種類であり、非常に数が多いので最終的に日段工技術委員会で当時の日本の状況から判断し、絞り込んで表3-6に示すように箱の形式を39種類、付属類8種類とし、ファイバー箱が無いことからJISの名称を「段ボール箱の形式」に一本化することを決定した。

表3-6　IFCとJISの箱の形式と付属類の対比

	（基本形式）	（個別形式）/ IFC（JIS）	（箱の合計）	（合計）
段ボール箱の形式	02 溝切り形 (Slotted-type boxes)	20種類 (11種類)	96種類 (39種類)	141種類 (47種類)
	03 テレスコープ形 (Telescope-type boxes)	20種類 (9種類)		
	04 組立て形 (Folder-type boxes)	30種類 (7種類)		
	05 差込み形 (Slide-type boxes)	9種類 (6種類)		
	06 プリス形 (Rigid-type boxes) (Bliss-type boxes)	9種類 (3種類)		
	07 のり付け簡易組立て形 (Read-glued type boxes)	8種類 (3種類)		
	09 附属類 (Interior fitments)	45種類 (8種類)		

6　段ボール印刷とインキの標準化

段ボール印刷の目的は、箱の中に入れる商品がどんなものであるかを表現することであるから、できる限り美しく仕上げたいと思うのは当然であり、そうするためにいろいろな配慮がなされてきた。

例えば、家電製品のようにそのまま消費者に届けられるものと、青果物や加工食品などのように複数商品が入れられて輸送される場合とでは多少の差がある。

そして、物流の変化とも少なからぬ関連があり、昔のように段ボール箱を満載したトラックが町中をゆっくりと走っていたような時代には人の目に留まり宣伝効果もあったが、最近のようにボックス型のトラックでは宣伝効果はほとんど期待できないのではないかと推測される。

いずれにしても、段ボール印刷は無地の段ボールにお化粧をして美しく見せるという大切な役割を果たすので、段ボール工場では花形のセクションといえる。

ところが、その美しさの追求をし過ぎたあまり使用するインキの数が増え過ぎ、どこの段ボール工場の倉庫でも貯蔵や保管に困惑していた。

6.1　段ボールインキの標準化

今から60年ほど前に段ボール印刷に使われていたインキは全て油性インキであったが、昭和30年代から急成長し始めた段ボール需要には乾燥時間が数時間必要だったため、工場内には乾燥を待つたくさんの半製品で停滞していたが、そんな大欠陥を改善するためにわずか数十分で乾燥する「速乾性インキ」が開発され衆目を集めた。

そして、1957年（昭和32年）にはアメリカでわずか数秒で乾燥するフレキソインキが開発されたことで、段ボール用のインキはほぼ完成に近づいた感がする。

ちょうどその頃、我が国では3種類のインキが混用されていたこともあり、段ボール工場もインキメーカーもたくさんの在庫を抱え困っていた。

そんな中で、本命は抜群に生産性の高いフレキソインキへと急速に変わっていったが、フレキソインキは水溶性であるため色替えの際に発生する洗浄水が工場の外に排水されるとよく目立ったので、工場近隣からの苦情が高まり問題になったこともあったが、その対策として次々に性能の良い排水装置が開発されたり、印刷機も少量で洗浄できる効果的な洗浄装置が開発されたりして、排水処理問題は解決されていった。

6.1.1　インキ標準化への取り組み

インキの標準化は比較的容易ではないかと思われたが、「段ボールに印刷された色」となると非常に複雑で、使用するインキの種類、印刷されたインキ被膜の厚さ、下地となるライナの色相などの要因が考えられ大変難しいと考えたが、あえて日段工技術委員会で取り組むことになった。

最初に手掛けたのは、我々段ボールメーカーが当時使用していたインキの総数が一体どれくらいあるのか確認するためインキ工業会に調査をお願いしたが、なんと2,000種類を少し超えるという返事を頂き驚愕した。

そこで、我々はそれらのインキの全数を我々が準備したライナの小片に、同一条件でテスト印刷していただくことをインキ工業会にお願いしたが、これは大変な作業になったことは説明するまでもない。

数カ月後に完成した印刷見本を我々は虹の色の順番に従い、肉眼で7種類に大別して30種類に絞り込んでみたが、とにかく大変な仕事になったことが思い出される。

最終的に、インキ工業会の方々の参画をお願いして総勢20人くらいのメンバーで厳選した結果18色を選出し、その中に当時実用されていた代表的なユーザーの色がその範中に入るかどうかという確認した上で、それを標準化することにした。

約3年をかけて一応の完成を見たこの労作をJIS化したらどうかという意見が高まり、JIS化することになった。

しかし、JIS化するには印刷された色を数値化する必要があるので難航を極めたが、色の3属性色相(Hue)、明度(Value)、彩度(Chrome)で表現することになり、フレキソインキと速乾性インキの2種類について測定し、表3-7に示すようにJIS Z 0501「外装用段ボール箱に印刷した色の標準」が誕生した。

表3-7　外装用段ボール箱に印刷した色の標準

インキの種類		フレキソインキ				速乾性インキ			
段ボール原紙の種類		クラフトライナ		ジュートライナ		クラフトライナ		ジュートライナ	
コード番号	色名	H	V/C	H	V/C				
D 010	ぼたん	1.5R	4.5/8.3	1.5R	4.5/8.7	9.5RP	4.3/8.9	9.5RP	4.4/9.2
D 030	あか	5R	4.0/8.3	5R	4.1/9.3	4R	3.9/8.4	4.5R	4.0/8.7
D 040	あか	6R	4.1/9.3	7R	4.4/10.0	6R	4.4/9/4	6R	4.5/9.7
D 050	オレンジ	10R	4.8/9.5	9.5R	5.0/10.1	9.5R	5.1/9.5	9.5R	5.2/9.7
D 060	オレンジ	3YR	5.3/9.6	3YR	5.5/10.3	2.5YR	5.2/9.5	2.5YR	5.3/9.8
D 070	き	10YR	5.9/8.2	0.5Y	6.2/8.8	9.5YR	6.0/8.4	9.5YR	6.2/8.8
D 090	くさ	9.5GY	4.2/5.2	0.5G	4.4/6.3	0.5G	4.2/5.4	0.5G	4.4/6.5
D 110	くさ	5.5G	4.1/5.2	5.5G	4.2/6.6	5.5G	3.8/4.6	5G	3.9/5.1
D 130	あさぎ	3B	4.2/5.1	2B	4.4/5.9	7.5B	4.6/7.6	6.5B	4.7/7.5
D 140	ぐんじょう	0.5PB	3.4/4.3	0.5PB	3.4/4.9	4PB	3.5/5.0	3.5PB	3.6/5.3
D 160	あい	9.5B	3.3/3.7	8B	3.3/4.1	2.5PB	3.4/3.8	1PB	3.5/3.9
D 170	こんあい	1.5PB	3.0/2.2	1.5PB	3.0/2.5	8.5PB	2.8/2.2	7.5PB	2.8/2.4
D 180	こんあい	7.5PB	3.0/2.4	6.5PB	3.0/2.9	8.5PB	2.9/3.0	7.5PB	3.0/3.1
D 200	むらさき	9.5RP	3.5/5.0	9RP	3.5/4.9	6.5RP	3.4/4.8	6RP	3.5/4.9
D 220	ちゃ	4YR	3.8/3.8	4YR	3.8/3.8	3YR	3.7/3.2	3YR	3.7/3.1
D 240	ちゃ	4.5YR	3.1/2.2	5YR	3.1/2.1	3.5YR	3.1/1.4	4YR	3.1/1.4
D 250	しろ	N7.5		N7.9		N7.6		N7.9	
D 260	くろ	N2.5		N2.5		N2.6		N2.6	

(業界規格M0001)

しかし、販売員がユーザーに対して説明するのは難しいし、長時間を要するのではないかと懸念し、持ち運びに便利な「色見本帳」を作り普及を図った。

標準化普及の推進に当たっては、日段工技術委員会が中心となり全国数カ所で主として販売員を対象にその標準化の意義と必要性を説明し、段ボール業界全体としての思想の浸透を図った。

6.2　インキ標準化推進のための今後への期待

段ボール印刷インキの標準化の大仕事は一応の結論を得たとはいえ、まだ道半ばではないかと思考される。

というのは、大切な段ボールの表面になるライナの色が、製紙メーカー間でかなりのバラツキあるからである。

今回の標準化の作業の中で予め予測はしていたので、当時市販されていた代表的な製紙メーカーのライナに、同一条件でテスト印刷してHVICを測定した結果を表3-8に示すが、かなりの差が認められる。

表3-8　代表的ライナ（A-220）のHV/Cと展色による発色差

製紙会社名	マンセル値（HV/C）			
記号	ライナ（A-222）	DF-04 あか	DF-08 くさ	DF-14 ぐんじょう
A社	0.55Y 6.10/4.14	5.73R 4.07/9.69	4.19GY 5.42/5.31	2.96PB 3.41/4.71
B社	0.35Y 6.10/4.20	5.75R 4.09/9.59	4.16GY 5.39/6.32	2.97PB 3.40/4.67
C社	0.56Y 5.77/3.88	6.11R 3.94/8.85	4.13GY 5.20/5.96	3.50PB 3.32/4.64
D社	0.56Y 5.97/4.12	5.79R 4.04/9.37	4.27GY 5.35/6.23	3.18PB 3.37/4.66
E社	0.33Y 5.93/4.14	5.75R 4.03/9.41	4.28GY 5.35/6.25	3.55PB 3.36/4.78
F社	1.56Y 6.05/4.20	5.94R 4.03/9.48	4.27GY 5.41/6.40	2.95PB 3.36/4.63
G社	2.03Y 6.00/4.13	6.04R 4.00/9.26	4.46GY 5.37/6.40	2.82PB 3.34/5.24
平均値	0.85Y 5.99/4.12	5.87R 4.03/9.38	4.25GY 5.36/6.12	3.13PB 3.37/4.76
最大値	2.03Y 6.10/4.20	6.11R 4.09/9.69	4.46GY 5.42/6.40	3.55PB 3.41/5.24
最小値	0.33Y 5.77/3.88	5.73R 3.94/8.85	4.13GY 5.20/5.31	2.82PB 3.32/4.63

特に主力であるフレキソインキは、印刷被膜が薄いので下地のライナの色の影響を受けやすい。

見本帳のようにベタ印刷の場合は感覚的に色差の影響は少ないが、実用上は地肌が多くなるので一層色差が目立つ傾向が強くなる。

この現象は、段ボールメーカーが箱をユーザーに納入する場合に何社かで納入するのが普通であるから、同じ色の印刷をしても異なっているように見え、インキ標準化の意味が薄れてしまう。

最近のユーザーはより美しい段ボール箱を期待する傾向が高まっているので、製紙メーカーとしては営業上好ましくないと思われるが、今後に向けて再考を期待したいところであり、この願いが叶えばインキ標準化は完結することになるのではないかと思われる。

7　接合

接合は、0201形箱の製造工程で最終になる大事なところである。ワンピースボックスとしての0201形箱の形態を整えるための接合方法としては、昭和30年代の中頃まではほとんどがハンドステッチャーによる平線止めが用いられており、大きな段ボール工場では30～40台くらいのハンドステッチャーが若い女性方により賑やかな音を立てて稼働していた光景が浮かんでくる。

ところが、この方法は効率が悪く、ベテランの女性でも1日に数百個をこなすのが精一杯であり、急増する段ボール需要に追い付けないのは明らかであったが、当時のアメリカでもセミオートステッチャーが開発されたり、自動テープ貼り機が開発されたりしていたが、あまり効率が上がる兆しは見られない状況が続いていた。

そのような世界中の段ボールメーカーの窮状の時に一縷（いちる）の光明を与えてくれたのは、アメリカで開発されたフォルダーグルアの出現であった。

7.1　フォルダーグルアの出現

アメリカにおける段ボール箱接合の歴史をたどってみると、以下の通りである。

1946年（昭和21年）アメリカのS&S社がグルージョイントを開発する。

1950年（昭和25年）アメリカでワイヤージョイントより効率の良いテープジョイントが開発され、使われるようになった（日本ではコスト面から導入されなかった）。

1960年（昭和35年）アメリカでフォルダーグルアが本格的に使われ始めた。

筆者は、昭和38年の春に当時の井上社長のご下問を受けフォルダーグルアを求めて渡米し、商社の方の案内でニューヨーク近辺にある数社の段ボール工場を見学してフォルダーグルアの稼働状況を調査した。

当時、アメリカでもまだフォルダーグルアの使用率は少なく、エンバ、ラングストン、S&Sなどの主力機械メーカーがハンドステッチャーの30倍くらいの能力を発揮できることで競っていた状況をつぶさに観察して感服すると同時に、井上社長の鋭い先見性に驚愕した。

最終的にジョイント精度の良かったS&S社のZLM型に決め、発注の手続きを取った。

しかし、納期に1年以上かかったため、井上社長には筆者が描いていたフォルダーグルアの実際の稼働状況をご覧いただくことができず、お亡くなりになってしまわれたという本当に悲しい思い出がある。

その後、フォルダーグルアの卓越した性能が認められ、我が国でも急速に採用され接合工程の合理化に大きな貢献をもたらし、段ボール工場のレイアウトも様変わりし、更にこの頃開発が進められていたアメリカでフレキソインキの実用化に伴い、1960年（昭和35年）にはドッキングして「フレキソ・フォルダーグルア」が開発されたことにより、段ボール箱の生産効率に偉大な福音がもたらされた。

7.2　JISとR-41/I-222の比較

継ぎしろの定義は「第一タテけい線の中心から先端までの長さ」で表し、JISでは図3-2に示すように両面段ボール箱は30㎜以上、複両面段ボール箱は35㎜以上に決められており、R-41/1-222では1 1/4in（約32㎜）以上と決められており若干違う。

この違いについて説明すると、inと㎜または㎝との単位の違いもあるが、JISは次の実測の結果に基づき決定した。

図3-2　継ぎしろの定義

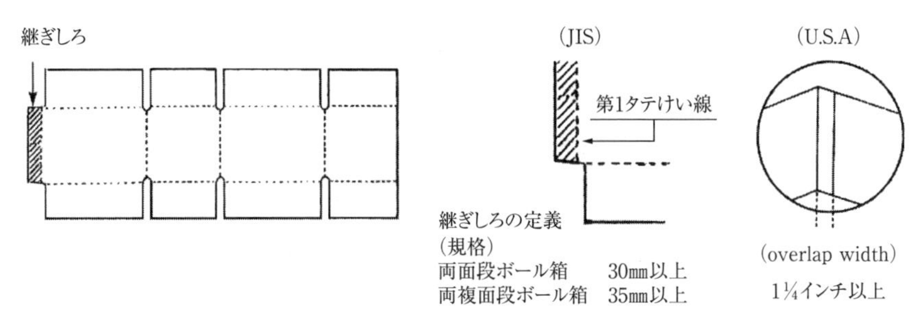

段ボール箱の接合強さは、JISには数値化された規格はなく、その測定方法も規格化されていないが、長期間使用されてきた平線止めを一応の標準として追求してきた。

しかし、接合強さは0201形箱の生命ともいえる非常に大事な性能であり、将来グルー接合がメインになることを予想し、日段工技術委員会で平線止めを基準として比較できるような接合試験方法を作ることにし、欧米で使用されていた試験方法を参考にして図3-3に示すような試験方法を作り上げた。

図3-3　試験片の大きさ／測定用治具

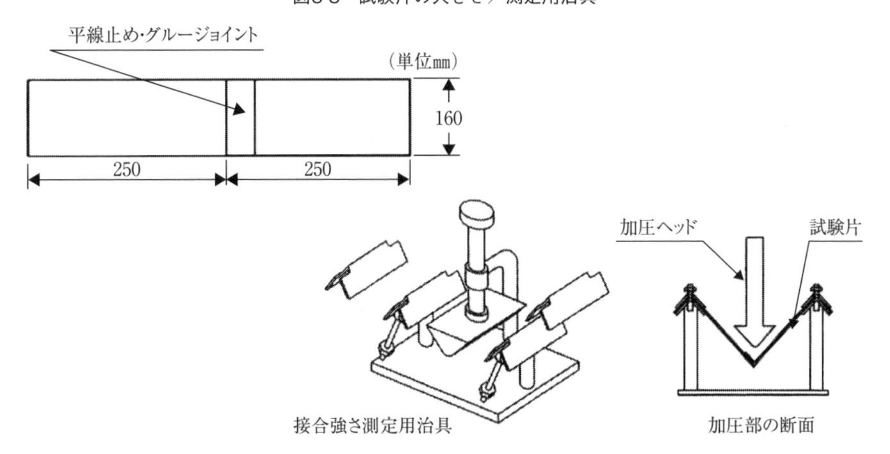

しかし、当時すぐにJIS化するのは問題があるのではないかと考え、取りあえず業界規格T-0002「段ボール箱の接合試験方法」とすることにした。

この試験方法のポイントは、試験片の幅は当時の平線打ち間隔の規定に基づき、必ず平線止めの部分が3カ所入るように160㎜とし、長さはけい線の中心部から左右に250㎜とし、その試験片が直角になるように治具に正確にセットして加圧ヘッドを箱圧縮試験機で加圧し、接合部が破壊する時の抵抗値を接合強さとすることにした。

この試験方法により継ぎしろの幅を32㎜として平線止め、テープ貼りとグルー止めの3種類について、代表的な段ボール数種類で接合試験を測定した結果を図3-4に示す。

図3-4　ジョイント強度比較

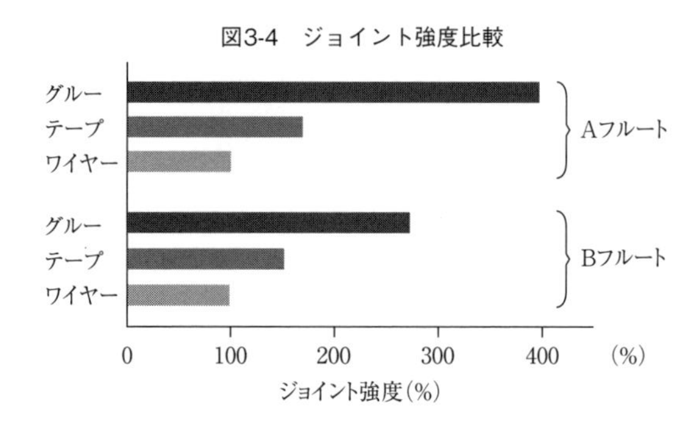

このデータは、ユーザーに対し平線止めからグルー止めに転換していただくための強い説得力を発揮した。

一般的に考えて、仕上がった段ボール箱の外観を観察すると、平線止めは段ボールの裏側まで貫通してしっかり止められているが、グルー止めは少し不安を感じさせるような状態を呈している。

ところが、技術的に深く観察すれば平線止めは、止められた部分は確かに強いが次の平線までは接合の役割を果たしていないことに気が付く。

しかし、グルー止めは継ぎしろの全面積が接合に寄与するために偉大な強さを発揮することがよく理解できる。

いわゆる「点接合と面接合の違いに起因する」ことであるといえる。

筆者は更にこの理論に基づき、グルー止めにした場合に継ぎしろの幅をどれくらいまで縮小できるかと実験を試みた。

その内容は、代表的な両面段ボールAフルート、Bフルートと複両面段ボールABフルート3種類について継ぎしろの幅を20～35㎜とし5㎜ピッチにし、接合強さを測定した結果を図3-5に示す。

図3-5　グルー接合における継ぎしろの幅と接合強度の傾向

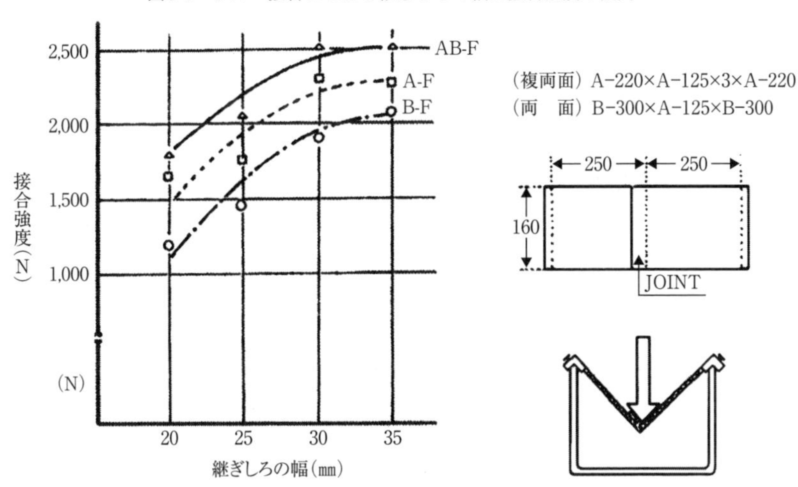

この実験結果から、グルー止めは継ぎしろの幅を20㎜にしても心配ないことを確認し、一層その価値を高めた。

このような価値ある実験を繰り返し行うとによって継ぎしろの幅を平線止めの実情も考慮し、歯切れの良い両面段ボール30㎜、複両面段ボール35㎜にJISを改訂することにした。

8 段ボール箱の評価

完成した段ボール箱の評価は、次の二つにより行われる。

段ボール箱の評価
- 外観（美しさ）
- 箱圧縮強度（強さ）

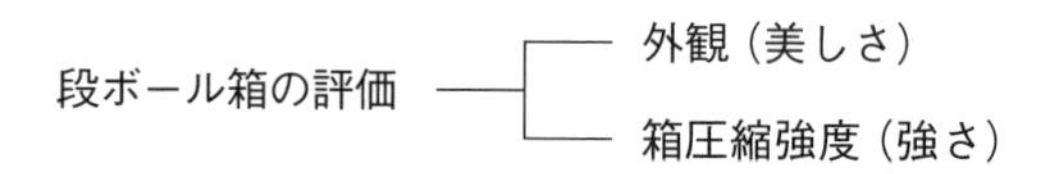

8.1 外観

外観といえば、二つに折り畳まれた0201形箱が段ボール工場から出荷される時に、まず目につくのはスリットされた（0201形段ボール箱の）両側の切り口である。つい最近までは目を覆いたくなるくらい段が潰れた醜悪の状態であったが、1994年（平成6年）に開発された1枚刃の出現により、段成型された中しんの美しいサインカーブを全く失うことなくユーザーの元に届けられるようになったのは我々の誇りといえる。

そして、その箱の中にユーザーが商品を詰めて封緘した時に在るべき姿は、図3-6に示すようにフラップが整然と揃っていなければならない。

図3-6　0201形箱の外観

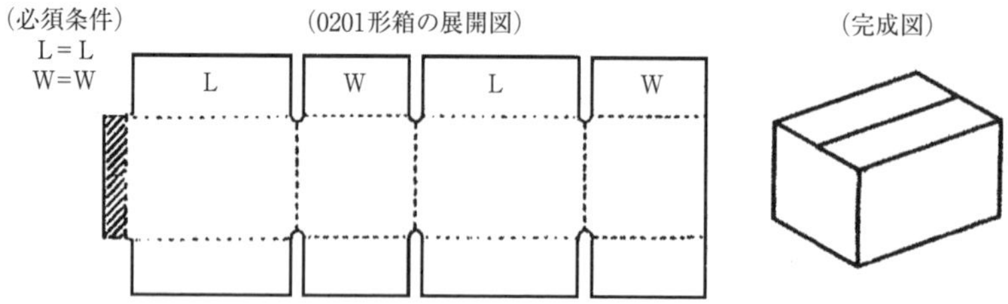

（必須条件）
L＝L
W＝W
（0201形箱の展開図）
L
W
L
W
（完成図）

このほかにも、印刷のズレやマージナルゾーンについても十分な配慮が必要であるのは当然である。

また、ユーザーの封緘方法によっても最終の姿が変わるので、配慮する必要を感ずる時代になってきた。

8.2　段ボール箱の圧縮強度

外観は美しく仕上がっても、実用に当たってそれ以上に要求されるのは箱の圧縮強度であり、その確認が重要な意味を持っている。

従って、箱圧縮試験は常に正確に行い、ユーザーに常に安心していただくだけにとどまらず、その測定値を詳細に解析して、もしもそのデータを見て不可解なことが生じた場合には、製造工程の改善に活用することも可能である。

8.2.1　箱圧縮強度の測定方法

段ボール箱の圧縮強度の測定方法は、単独でJISに決められているわけではなく圧縮強度を生命とするいくつかの包装容器類を含めてJIS Z 0212「包装貨物及び容器－圧縮試験方法」として規定されている。

0201形箱の圧縮強度を測定する場合は、製造工程上ヨコけい線が一直線状に加工されるために、空箱を組み立てて荷重をかけると図3-7に示すように、内フラップが箱の内側に沿って垂れ下がってゆく挙動を示す。

垂れ下がった内フラップは、箱の内部から箱の側壁を支える働きをすることになり、圧縮強さに影響する恐れがある。この現象の発生を防ぐには、予め内フラップを外フラップに固定しておかなければならない。

こうして準備された箱は、恒温・恒湿室で24時間以上調質し、箱の含水分が一定になった後に測定することが肝要である。

図3-7　0201箱の圧壊と内フラップの挙動

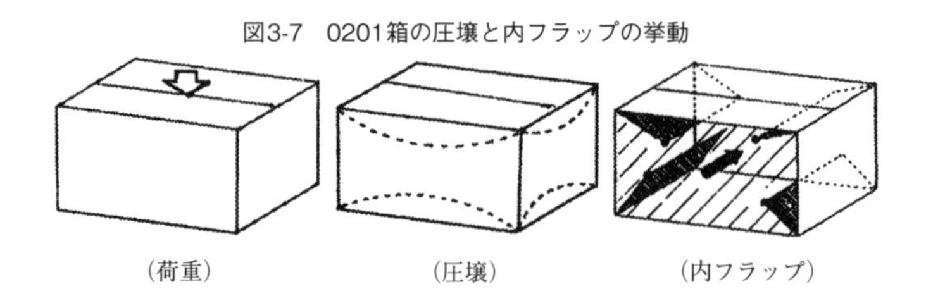

測定は、図3-8に示すように試験機の圧縮盤の中心部に箱を置き、毎分10±3㎜のスピードで加圧し､箱が潰れた時の最大荷重と歪量がレコーダーに記録される。

供試品の数はJISには規定されていないが、数個から10個くらいで行われる。

図3-8　段ボール箱の圧縮試験

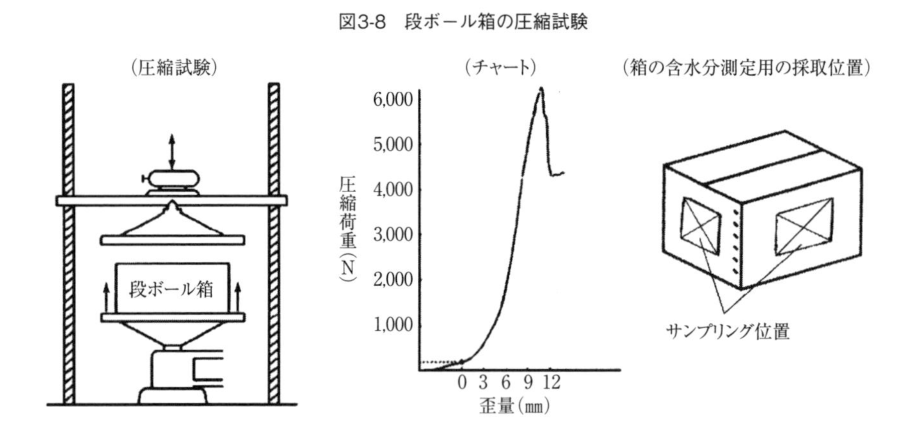

ここで大切なことは、測定時点の箱の含水分を正確に把握しておき、後に修正して常に同一含水分で比較、管理することである。

含水分測定に使用する試験片をサンプリングする位置は､図3-8に示したような位置を推奨したい。

8.2.2　箱圧縮強度の評価と活用法

例えば、具体例として某ユーザーに納入している段ボール箱の圧縮強度が、安全率3倍で6,000Nで契約されているとして先月の納入したロットをaロットとし、今月納入したロットをbロットとし、箱圧縮強度を測定した結果を比較して表3-9に示す。

箱圧縮強度の平均値 (X) は、いずれも6,100Nと同じであり契約値を満たしているが、試験値のバラツキに大きな違いが見られることに気が付く。

そして、この結果を実用上の安全率から観察してみると、図3-9に示すように必要安全率は3倍であるため、aロットは最小値が–5%になるので安全率は2.85倍であるが、bロットは最小値が–16%になるので安全率は2.52倍となり、bロットには実用上での不安を感ずる。

表3-9　箱圧縮強さ測定結果

n	(aロット)	(bロット)
1	6,100N	6,000N
2	5,800 (min)	5,100 (min)
3	6,400	7,100 (max)
4	6,300 (max)	6,100
5	5,900	6,100
6	6,200	5,600
7	6,000	6,700
$\bar{X}$	6,100N	6,100N
R	500N	2,000N

図3-9　測定値の真度と精度

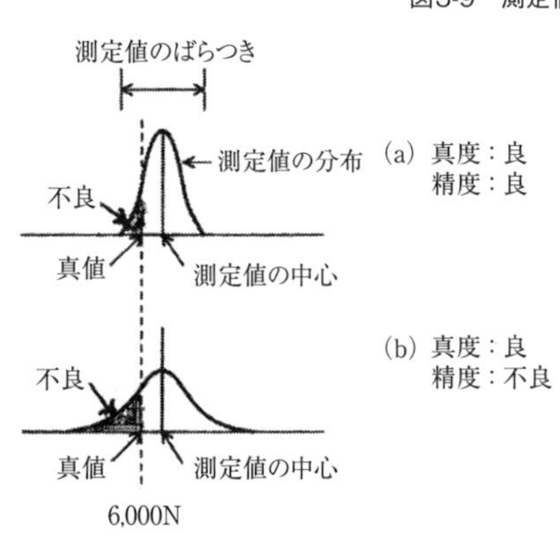

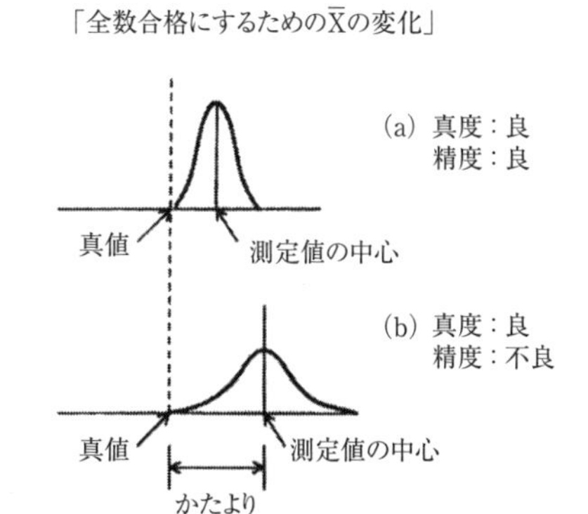

また、もしもこの結果では、実用上問題が起きると仮定した場合には、最小値を全て6,000N以上にしなければならないので、図3-9の右側に示すような平均値にしないといけないことが分かり大変なことになる。

一般に、測定値のバラツキが非常に大きい結果が出た場合には、必ず製造工程のどこかに異常があるからであり、すぐにその原因を探さなければならない。

特にフォルダーグルアの高速化に伴い、図3-10に示す接合部ズレが生じて肉眼では分かりにくい程度の歪みが箱に発生し、測定値のバラツキを大きくする原因になることもあるので注意が必要である。

図3-10　フィッシュテールの障害

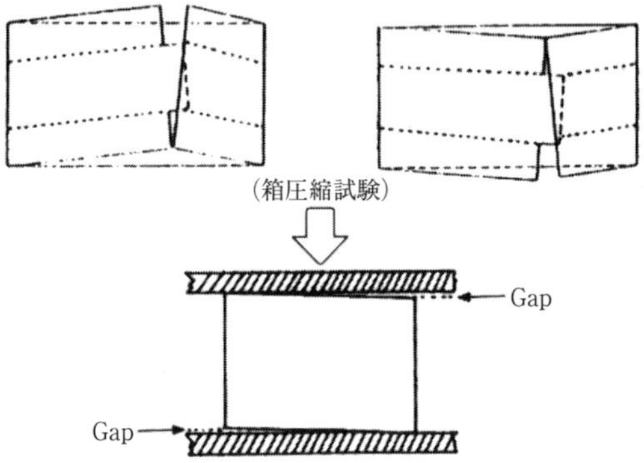

（箱圧縮試験）

Gap

Gap

もちろん、このほかにもバラツキを高める要因はあるが、大切なことは箱圧縮試験を行ったデータの内容を詳細に確認し、自社製品の改善に役立てるように心掛けるべきである。

9 段ボール箱圧縮強度の推定式

段ボール箱の圧縮強度は最も大事な性能であるため、段ボールメーカーとしては出荷ロット全てについて測定したいところであるが、破壊検査になるので実際には種々のことが絡み無理なことである。従って実際は、予めユーザーとの話し合いの上で必要圧縮強度が決められている特定のロットに限定して実施している。

一般に、段ボール箱を受注する折にユーザーの物流条件を詳しくお聞きし、その中に織り込んで検討し確定されているのが普通である。

その時に要求を満たす箱圧縮強度が簡単に計算することができれば便利であり、ユーザーにも安心していただけることになる。

現在、箱の設計寸法が決まり、必要箱圧縮強度が決まれば、どんな原紙または段ボールを使用したら良いか推定できる、次に示す四つの式がある。

「段ボール箱圧縮強度の推定式」

ケリカット式 (Kellicutt)
$$= Px\left[\frac{(aX_2)^2}{\left(\frac{Z}{4}\right)^2}\right]^{1/3} J\cdot Z$$

マルテンホルト式 (Maltenfort)
$$= (5.8\times L)+(12\times W)-(2.1\times H)+K_1\times CLT+K_2$$

マッキー式 (Mckee)
$$= 5.87\times F_m\times\sqrt{h}\times\sqrt{Z}$$

ウルフ式 (Wolf)
$$= \frac{5.2426\times F_m\times\sqrt{h}\times\sqrt{Z}\times(0.3228A-0.1217A^2+1)}{D^{0.041}}$$

これらの4式についての説明は省略し、もし詳細を知りたい方は筆者の著書をご覧いただくことにし、ここには我が国で最も愛好されて、木箱から段ボール箱への転換に大きな貢献をした「ケリカット式」についてのみ若干説明してみたい。

9.1 ケリカット式とその思い出

正式にはK.Q Kellicut（以下ケリカットと略す）氏は、既に1951年（昭和26年）に段ボール箱の圧縮強度の推定式を含む段ボール箱の強度についての基礎研究結果を発表している。

ちなみに、その年の我が国の段ボール生産量は3億㎡に届かなかったという時代に、既にこのように立派な段ボール箱圧縮強度を計算で求められる推定式を完成させていたという快挙に彼自身の偉業はさることながら、アメリカという国の偉大性に驚愕する。

使用する原紙の圧縮強さを正確に把握していれば、設計時に箱の寸法が分かっているので、計算によって出来上がった箱の実測値とほぼ同じになるという予言に大きな魅力を感じ、日本では段ボール関係者の間で全国的に極めて有効に使われていった。

その頃、岡山製紙㈱の田辺氏は写真3-1に示すようなケリカット式をより簡単に使用できる「段ボール箱圧縮強さ計算尺」を開発され、愛好されたことが懐かしく思い出される。

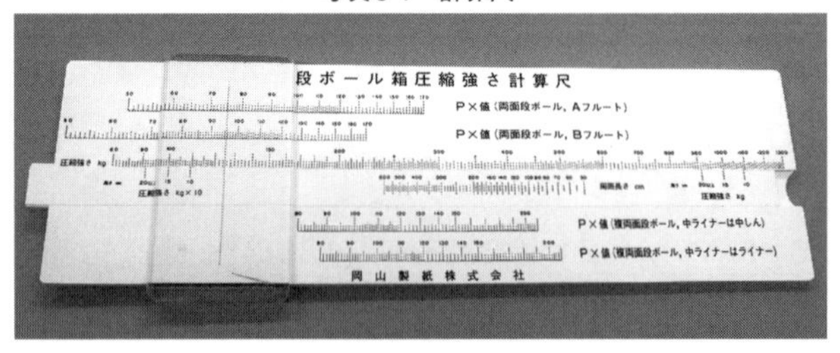

写真3-1　計算尺

ただし、ここでフルートの常数（aX2）と箱の常数（J）について説明する必要がある。ケリカット式の原式をアメリカの文献からコピーしたものを表3-10に示す。

表3-10　ケリカット式の原式

$$P = Px\left(\frac{(aX_2)^2}{\left(\frac{Z}{4}\right)^2}\right)^{1/3} J \cdot Z$$

in which
P = total compressive strength of box in pounds
Px = composite ring-crush load of built-up board (pounds per inch)
(Pr1 single face + Pr1 double back + α xPrc)
Pr1 = ring-crush load in pounds per inch of a1/2- by 6-inch strip of liner either in the with- or across-machine direction, dependent upon P
Prc = ring-crush load in pounds per inch of a 1/2- by 6-inch strip of corrugating medium in the across-machine direction
α = ratio of length of corrugating medium when flat to its length when corrugated (A-flute = 1.523, B-flute = 1.361, C-flute = 1.477)
aX2 = either 8.36, 5.00, or 6.10 for A-, B-, or C-flute, respectively
Z = perimeter of box in inches
J = box factor for the appropriate kind of fiberboard
A-flute = 0.59
B-flute = .68
C-flute = .68

ご覧いただくと、お分かりのようにこの原式には複両面段ボールABおよびCBフルートの常数は無い。

しかし、我が国のように複両面段ボールの使用量が多い国では、その常数が分からないと計算できないので、筆者が実験的に求めた常数を五十嵐常数として加筆した。

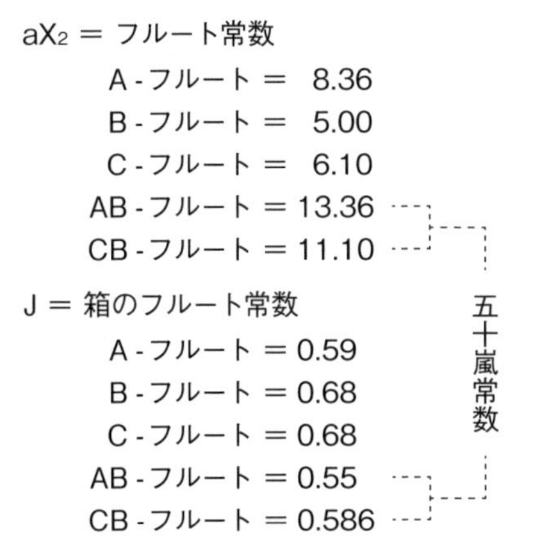

このようにケリカット氏と我が国の段ボール関係者との関係はますます強い絆で結ばれるようになり、特に筆者は複両面段ボール箱の二つ係数を作り上げ加筆したこともあり、是非彼と膝を交えて議論したいとほのかな夢を描いていた。

そして、日段工技術委員の2、3人の方に相談し、恒例の秋の「技術者研究発表会」の記念講演にお招きしたらどうかという意見を出したところ、全員の賛同を得て早速某商社にお願いし折衝していただき、快諾を得て限りない楽しい夢を描いていたが、残念なことにその年の春にお亡くなりになってしまい、無念の涙に暮れたことが思い出され残念でならない。

9.2　ケリカット式の活用法

ケリカット式を有効に活用するには、以下の事項を守ることが大切である。

(1) 工場で使用している原紙のリングクラッシュ値を常に正確にチェックしておくこと。

(2) 工場で生産されている代表的なロットをいくつか選び、箱の圧縮強度を測定し、実測値と計算値との関係を把握しておくこと。

(3) 測定結果のデータシートには個々の平均値、ケリカット式の計算値、最大値、最小値、バラツキなどを記録しておくこと。

(4) 計算値は原式でも簡易式いずれを用いてもよい。

(5) 少なくも数カ月間以上行い、実測値と計算値を比較し、その違いを確認しておき、その後も実測の回数を少なくしながら修正をするとよい。

10 '63欧米包装状況視察団の回想

1963年（昭和38年）、㈱日本包装タイムス社の河村社長が企画した40日間で欧米11カ国の包装事情を視察する視察団に参加し、包装の見聞を広めた体験を回想してみたい。

この視察団に参加されたのは24名で、当時の松下電器産業㈱大塚製品検査本部長を団長とし、昭和38年4月16日にパンナムのプロペラ機で羽田空港を出発したが、主たる目的はアメリカ・シカゴのマコーミック広場で開催されていたAMAの包装展の見学と、西ドイツ・デュッセルドルフで開催されていた第1回インターパックを見学し欧米の包装の実態をつぶさに確かめることであった。そのほかにも各種の包装関連の工場を見学することや、デパート、スーパーマーケットなどを見学して洗練された欧米の包装実態の見聞を深めることに終始し、予定通り5月26日に帰国した。

この会には主催者の日本包装タイムス社からの参加はなかったので、筆者が主催者の代行として腕章を付けさせてもらい、AMAとインターパックの会場内の展示品の写真は数百枚撮らせてもらったが、当時の欧米の包装情報は珍しかったこともあり、帰国後の報告会が大変だったことが思い出される。

ここに当時の経緯を全て示すのは膨大なため難しいので、今回の出版の主旨に関連性が深い当時のアメリカの段ボール事情について、当時の我が国の実態と重ね合わせて記載してみたい。

10.1　往時のアメリカの段ボール事情

昭和38年といえば、今から半世紀以上も昔のことで、為替相場が1ドル360

円であったが、実態は400円くらいの値打ちしかないように実感した惨めな時代ではないかと思われる。当時のアメリカの大都市のダウンタウンは極めて清潔で道路や公園には塵一つないような美しさで、治安も安全であり、もし我々旅行者がどこかに忘れ物をしても必ず手元に戻ると豪語されており、それがアメリカの誇りだと胸を張っておられたが、正にその通りであったように感じた。

そのように幸せな時代のアメリカの段ボール産業の実態は、日本とどれくらいの差があるのだろうかと、我が胸を躍らせながら十数工場を訪問させていただいたので、総括して感想を述べてみたい。

西海岸では、工場に入る前にまず屋外に野積みされていた原紙を見て驚いた。

ロスやサンフランシスコは雨が少なく乾燥しているので野積みしても問題はないとの説明を受け、日本との気候の差をつくづく感じた。

工場の玄関に入ると、どこの工場も交換手を兼ねた受付の女性が対応してくれるというのが当時の決まったスタイルだった。

また工場内には、女性と黒人の姿は全く見られなかった。

そして事務員とセールスマンの数が驚くほど少なかったのは、事務関連の合理化が相当進んでいるのではないかと感ぜられた。

段ボール工場に入って見学して日本と違う点については、以下に感想を述べる。

10.1.1 コルゲータの概要

接着剤の原料である澱粉（でんぷん）貯蔵用の大きなサイロは、全ての工場が製糊室の近くの屋外に備えてあった。

製糊にはヘンリープラット装置が用いられ、糊は二重粘度方式が採用されており、コルゲータの幅は全て2,200㎜以上が稼働しており、オペレーターの数は4〜6名でほとんど二直が一般的であった。

また、スリッタースコアラは全ての工場で使われていたが、これに対し日本では1974年（昭和49年）から使われ始めたところであったので、かなりの遅れを痛感した。

シート売りの比率は6～8%と、日本に比較すると数分の1程度ではないかと大差を感じた。

10.1.2　製箱工程の概要

受注ロットの平均値は、地域によって差があるが大体3,000～4,000くらいと聞いて、当時の日本と1桁くらいの差があるのではないかと感じ、いささか羨ましく思った。

そんな環境の中で稼動している製箱工程の実態は以下の通りであった。

印刷は、油性インキとフレキソインキの割合が同じくらいか、ややフレキソインキの方が多いかという程度で、フレキソ化が進行を早められつつあった。フレキソインキが日本に導入されたのは1957年（昭和32年）のことであったが、日本のユーザーは印刷被膜の強度が弱かったことでなかなか馴染めず、アメリカに比べて非常に遅れていたのでインキの改良を急ぐ必要を痛感した。

印刷機のスピードは、大体120枚/分前後であったがオペレーターは2名で稼動されており日本との大差を感じ、この体力差をどのようにして補うかという技術的な対策の必要性をつくづく感じた。

接合方法について、平線、テープ、グルーの比率は、大体同じくらいの地域とグルーが既に半分くらいの地域に分かれていたが、効率の良いグルーが急速に伸びている傾向を感じ、日本の大きな遅れを痛感した。

10.1.3　アメリカ企業の品質に対する厳格性

当時、アメリカには800ほどの段ボール工場があり、激しい品質競争が行われていた模様であった。

筆者が訪問した段ボール工場では、全ての工場長が口を揃えるかのように品質の重要性を論じ、その対応についての説明を受けた。

多くの工場は、スーパーインテンデントが当たり、そのほかの工場では特別な訓練を受けたスペシャリストを当てていた。

その実態をつぶさに体験して、さすがに立派なアメリカ段ボール工場の経営理念に触れ、深い感銘を受けるとともに日本もそうありたいと願った。

第4章

段ボール包装の変遷

第4章　段ボール包装の変遷

段ボールは、その形状を全く変えることなく100年以上も受注産業であるという宿命的なものを背負いながら、時代の流れに対応して社会に貢献してきた。

その長い歩みを振り返ってみると、全段連が発表している我が国の段ボール生産量の推移を図4-1に示すが、段ボール産業発展の傾向をマクロ的に眺めてみると第1次オイルショック、第2次オイルショックの時には大きな打撃を受けているが、それ以外は順調に推移してきたように思われる。

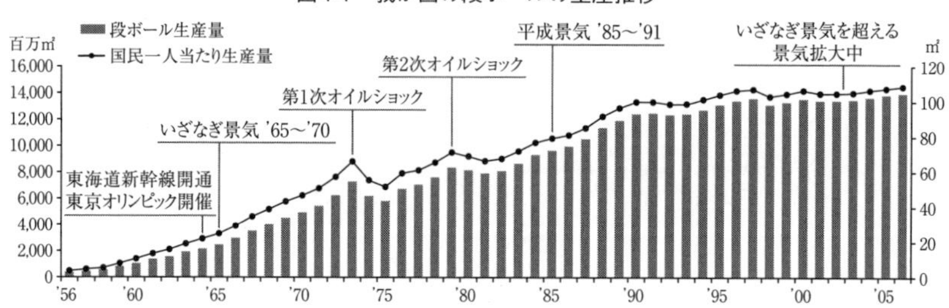

図4-1　我が国の段ボールの生産推移

とりわけ、1950年（昭和25年）から1973年（昭和48年）までの約20年間は驚異的な発展が見られたが、これには森林資源法の改訂や政府の救援などの大きな寄与に恵まれて歴史的な生産量の急伸長を示した。

ちょうどその頃、筆者は日段工技術委員会で業界の全体的な生産技術の向上のための技術者大会を開催したり、生産性の向上に見合った品質の規格の改正や試験法の見直しを行い、JISの改訂や新設を数えきれないほど実施し、JIS化を推進してきたが、当時に将来を見越しての重要と予想した技術的検討を進めたもので、JIS化するには早すぎると判断したものについては業界規格として残してきたものもいくつかある。

また、段ボール包装と関係の深い諸技術については、進んでいた欧米との交流を図り常に追い付け、追い越せの気持ちで臨んできた。

1　発展期の段ボール箱推進を阻んだ2大問題

昭和30年代から40年代にかけて木箱を段ボール箱に転換するに当たって発生した問題点はいくつかあるが、とりわけ大きな問題となったのは次の二つではないかと思われる。

木箱からの切り替えを阻害した二つの要因
- 手鉤（てかぎ）が使えない
- 水に弱い

以下に、この2大問題にどのように対応したかについて述べる。

1.1　「手鉤（てかぎ）」対策

現在のように段ボール箱が包装材料の主役を占めるようになったため、恐らく一般的にはご存じない方が多いと思われるので「手鉤」について説明する必要があるのではないかと思う。

「手鉤」とは、時代劇などに出てくる火消しが持っている長い棒の先に鷹の爪のように曲がった金属を付けたものが始まり。包装用に用いられている「手鉤」には、いくつかの種類があるが写真4-1に示すように長さが約30㎝の樫の木に頑丈な尖った金具が付けられたもので、荷物に引っ掛けて荷役をするのに便利であるため、昔からよく使

写真4-1　手鉤

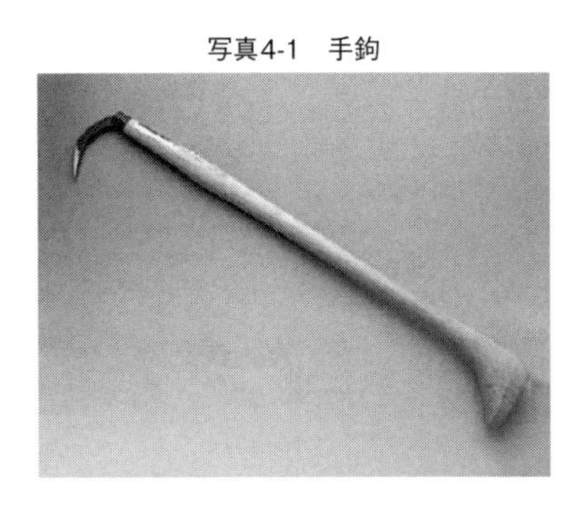

われてきた。

今でも、中央市場へ行くと大きな魚を「手鉤」に引っ掛けて移動する姿が見られる。

当時は、荷役作業をする人はみんな腰に下げて持っており、木箱であれば使用できるが段ボール箱は使用できないと、ほとんどのユーザーで冷たくあしらわれ頭を抱えたことが思い出される。

思案の末、「手掛け穴」を付けることにした。

段ボール箱に穴を開けるということは、外観を損ない圧縮強度にも悪影響を及ぼすので好ましくないことは明白であるが、当時の厳しい要求から採用せざるを得なくなった。

「手掛け穴」の大きさや形状をどのようにしたらよいか、また内容品の形状や特性との絡みもあり、穴開けの加工を箱の幅面のどの辺に決めたらよいか、などについて考慮する必要があった。

「手掛け穴」の形状については、作業性を考え一般的に図4-2が多用されている。

図4-2　手掛け穴の形状例

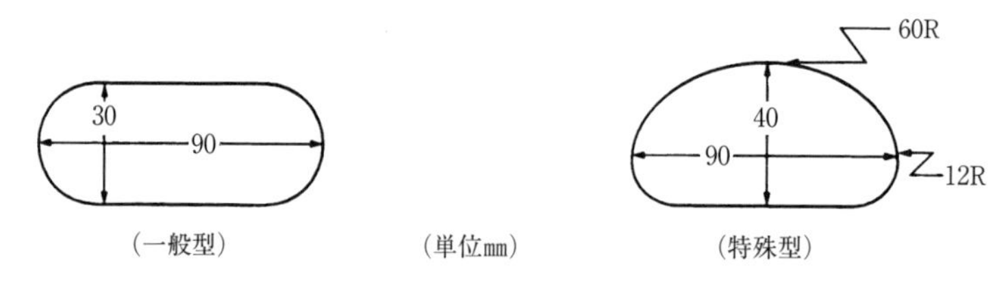

また、「手掛け穴」の強度については使用する段ボールの品質によって異なるのは当然であるが、実用に当たっての荷役を想定して3方向からの引っ張り強度を測定し、集約した傾向を図4-3に示す。

図4-3　荷役方向と手掛け穴強度

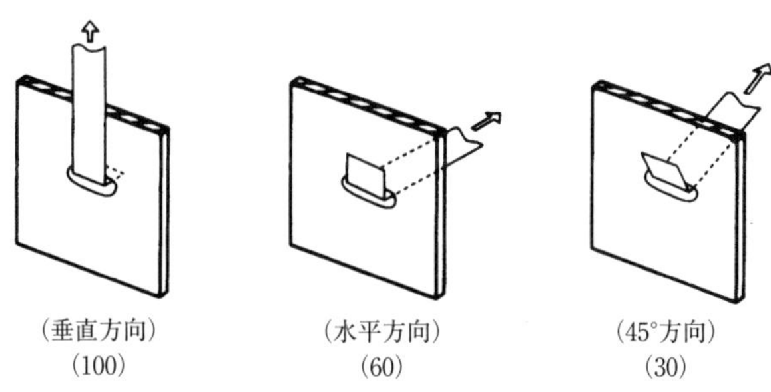

図4-4 「手掛け穴」の位置と箱圧縮強度の関係

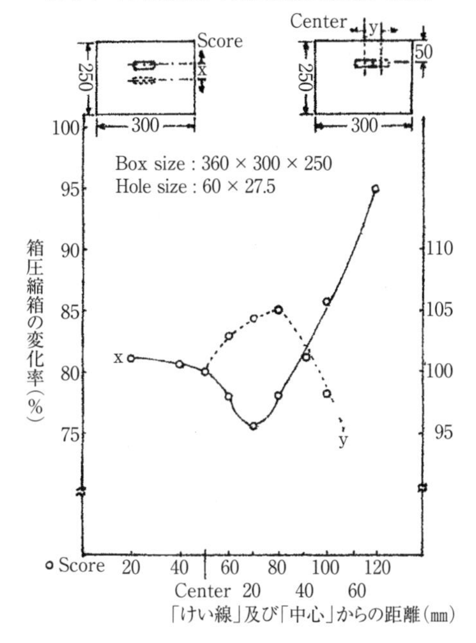

従って、例えばトラックの荷台から段ボール箱を重ねて引っ張って下ろすような作業をすると、段ボールは非常に破れやすい状態になり危険を伴うことになることが理解できるので注意が肝要である。

また、手掛け穴を開けるということは、基本的には穴の幅に相当するだけ上からの荷重を支える力を失うと考える必要があるが、開ける位置によってどんな傾向を示すのか探求してみた。

みかん箱の幅面に幅40㎜の手提げ穴を中央部から上下、左右にそれぞれ移動させて穴を開け圧縮強度を測定した結果を図4-4に示す。

幅面の中央部に行くほど影響が少ない傾向が見られる。

1.2　段ボール箱の防水対策

「手鉤」と比肩するくらいのユーザーの強い要望は、段ボールの水分対策であり、段ボールは紙で作られているので水に弱いのが心配であり、時には雨に遭えば溶け出すのではないかという質問も稀に受けたことが思い出される。

特に1957年(昭和32年)に発足した「青果物の段ボール普及委員会」は、青果物とりわけ新鮮な野菜類は水分が多く、段ボール箱に入れると箱の内側からの水分の侵入が多く、雨の時などは外部からの水分とで大変なことになるのではないかという声も聞かれた。

ただし、青果物の場合は長い間段ボール箱に入れておくわけではないことを頭に入れて、その対策を考えた。

当時、段ボール業界は需要の拡大に伴い、段ボールの防水化が進められ、1964年(昭和39年)には木箱の鮮魚用トロ箱を耐水段ボールに転換できるワックス・ディッピング方式の組み立て式耐水段ボール箱の生産が開始されていた。

このように水の中に入れても耐えられる耐水段ボールが開発されており、また一方で段ボール箱の表面または裏面を防水する「カーテンコート」や、ライナにプラスチックをラミネートするなどの新しい技術も開発されていたが、生産性とコスト面も考慮する必要があり、できる限り簡単な防水加工の手法を探し求めた。

当時、アメリカではワックス・エマルジョンをライナに塗布し水をはじく特性を作る技術が確立されており、TAPPI (Technical Association Pulp and Paper Institute) ははっ水加工度の試験方法を確立していたしJapan TAPPIでも試験法をJIS化していたので、この手法を採用することにした。

早速、日段工技術委員会に諮り検討した結果、JIS化の提案を急ぐことにしたところ、当時の日段工鈴木専務理事の猛反対を受けた。

その理由は、既に耐水段ボールは生産されており、いくつかの遮水段ボールが市販されている中で、はっ水段ボール単独でのJIS化は問題があるため、この三つをまとめて一本化したJISを作るべきであるとの強硬な意見が出てそれに従うことになり検討を進めたが、内容が複雑になり約3年を費やし、ようやく1975年(昭和50年)3月にJIS Z 1537「防水段ボール」として制定された。

表4-1に防水段ボールの定義と、はっ水段ボールについてのはっ水度の度合いによる区分と、それに対応する商品名を示す。

表4-1　防水段ボール

Water Proof Corrugated Fibreboards

種類	備考
はっ水段ボール	短時間水が掛かっても、水をはじいて水滴とし、水の浸透を防ぐように表面加工した段ボール。
遮水段ボール	長時間水と接触しても、ほとんど水を通さないように加工した段ボール。
耐水段ボール	長時間浸水しても、あまり強度が劣化しないように、加工した段ボール。

はっ水段ボール

等級	はっ水度	参考(主な用途例)
1号	R6以上(1) (水滴の流下した跡の半分がぬれているもの。又は、それ以上のはっ水度をもつもの。)	冷凍魚 青果物など
2号	R8以上(1) (水滴の流下した跡の1/4以上は、球形の小滴が散在しているもの。又は、それ以上のはっ水度をもつもの。)	

注(1)　R6、R8は、JIS P 8137(紙及び板紙のはっ水度試験方法)による。

はっ水段ボールの採用とJIS化により、当時ユーザーが抱いていた水に対する不安感をほぼ払拭することができ、次第に信頼を得てゆくようになった。

現場で実際に水を掛けてみると、一目瞭然でその効果が確認できたので木箱から段ボール箱への切り替えを一層加速できたのではないかと思われる。

1.3　影の功労者「ケアマーク」

段ボール箱の弱点と指摘されてきた「手鉤」や「水濡れ」に対する現実的な対応策のほかに、段ボール箱の外フラップに大きな文字で「手鉤無用」や「水濡れ注意」をはじめ、「取扱注意」、「割れ物注意」などのケアマークを太い枠の中にはめ込んで、目立つように赤でほとんどの段ボール箱に刷り込み、物流過程での取り扱いに注意を促していたことが強い印象として残っている。

最近では、国際的に通用するように絵のデザインで作られ、呼称も「ケア」から「指示」に変わりスマートになってJIS化されている。

正式には、JIS Z 0150「包装貨物の荷扱い指示マーク」として、荷扱いの指示を伝達するために物流過程での包装貨物のマーキングに慣用的に使用されている。

どのような種類の貨物の包装にも適用されるが、危険物の取り扱いに対する特別な指示マークは含まれていない。

このように段ボール箱の荷役に当たっては、一番の至近距離になる所に注意を促すケアマークを印刷するというささやかな技法は、物流実態のほとんどが手荷役や肩荷役で行われていた時代には、信頼できるデータは無いが、かなりの効果があったのではないかと憶測している。

指示マークの効果についての確実なデータは持ち合わせていないが、最近の素晴らしい段ボール包装の実施例を紹介してみたい。

実は、一昨年の秋、筆者に親友から送られてきた写真4-2に示す5kg入りの柿の段ボール箱であるが、この箱を受け取った瞬間にあまりの美しさに暫し見惚れた。

その内容を解析してみると、「手掛け穴」は付いていない、「指示マーク」もないし、封緘もテープやボクサーを使っていないので非常に綺麗な姿になっていた。

写真4-2　美しさを追求した0201形箱

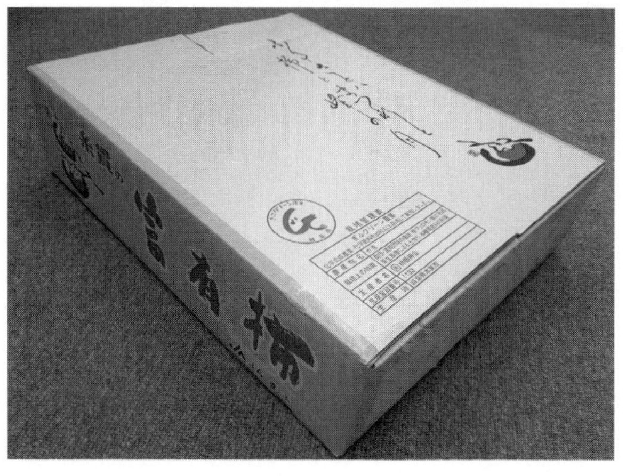

「指示マーク」の代わりに柿を称賛する「和歌」が添えられており、開封する前にまず一句口ずさみながら外フラップに指を入れると、わずかな力で開封できるというホットメルトを知能的に使った、心憎いほどの演出であった。

もちろん、中身の柿の味が素晴らしいものであったことは言うまでもない。

2　段ボール箱の魅力「リサイクリング」

包装材料として要求される性能は、その目的を達成するまで強靭でなければならないことは当然であるが、その使命を終えた後はすぐに消えてほしいと誰もが望んでいる。

確かではないが、昭和30年代にプラスチックが台頭し始めた頃、ある著名な方が「紙の消える日」という小冊子を出版され読んだことがある。

その時に感じたことは、紙産業は大きなダメージを受けるに違いない。とりわけ、段ボール産業は我が国の紙の使用量の約1/3を占めるので、一体どんな形で襲われるのか色々連想したことが思い出される。

水に強く、光にも強いという特性を持つプラスチックは包装分野に広く使われ、段ボール包装では鮮魚用に使われていた耐水段ボール箱が発泡スチロール箱に変わり完全に姿を消した。

しかし、この特性は廃棄された各種のプラスチックをいつまでも保持し、川から海に流れ込んでも元の原形を保ったまま集積され増え続けており、国連の発表によると2017年で820万トンに達したことを報じており、海洋動物にも被害が及び今や大問題になりつつある。

2.1　段ボール箱のリサイクリング

プラスチックに反し水に弱い段ボール箱は、その弱点を最高に活かして天然資源の枯渇を限りなく救援している。

最近の段ボール箱の回収率は、図4-6に示すように極めて高く95%を超えている。

我が国では、古くから先人方により段ボール箱のリサイクリングシステムが構築されており、効率よく稼働している。

段ボール箱は、宅配便の数が急増していることもあり、一般家庭へもかなり入っているが、その処理については昔のように庭で焼き捨てることができなくなり、資源愛護という認識の高まりもあり、回収率はますます高まるに違いないと思われる。

図4-5　我が国の段ボール箱回収率推移

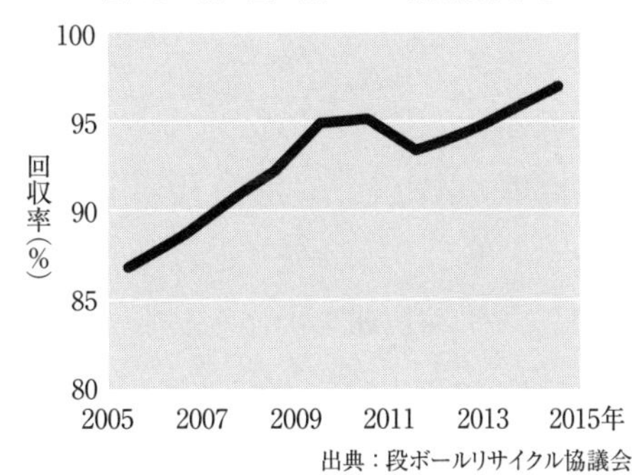

出典：段ボールリサイクル協議会

図4-6　段ボール箱のリサイクリングマーク

「国際リサイクルシンボル」
その段ボールがリサイクル可能であることを示す。
世界共通のシンボルです。

段ボール業界では、更に回収率を高める手段として図4-6に示すようなリサイクリングマークを印刷するように指導している。

このリサイクリングマークは、日本が国際段ボール協会に提案し、世界共通のリサイクルシンボルであり、「その段ボールがリサイクル可能である」ことを表しているのは素晴らしい。

2.2　古紙リサイクリングの技術的課題

回収された段ボール古紙は、どんなメカニズムで再生されるのか、リサイクリングを阻害するものは何か、そしてリサイクリングしても強度は弱くならないのかなど素朴な不安が浮かんでくるので次に簡単に説明してみたい。

2.2.1 リサイクリングのメカニズム

回収された段ボールは、水の中に入れられ攪拌されて外部衝撃が加わると、まず簡単に澱粉（でんぷん）接着部分が剥離し、ライナと中しんは分離し、そして原紙の中に水が浸入し始め、更に水の侵入が進むと1本1本のパルプに分離する。

パルプ同士の絡み合いのごく一部分の状態を図4-7に示すが、水素結合していた部分に水がどんどん入り込んで、最後に一つのパルプになることが理解できる。

図4-7　セルロースの水素結合と水

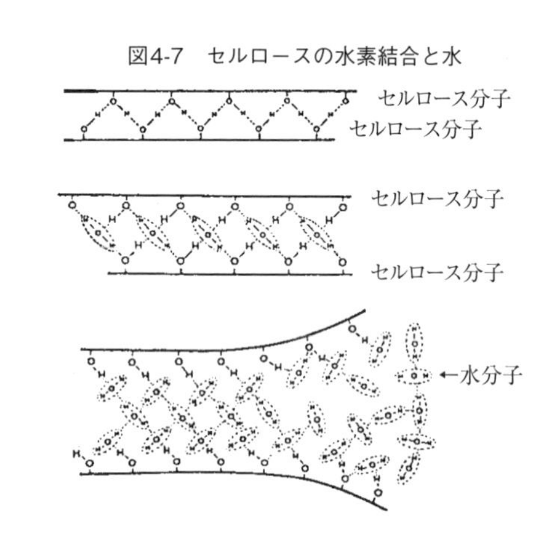

2.2.2 再生を阻害する問題点

回数された段ボールは、すぐにそのままパルプとして再生されるわけではない。

回収された段ボールは、箱が出来上がるまでに使われる澱粉、インキ、酢ビ、平線などが含まれているし、ユーザーの封緘材として使用されるボクサーのワイヤー、封緘テープに使われる各種接着剤やホットメルトなども混入されていることが予想される。

また、包装されていた内容品の残骸が付着することも予想される。

これらの不純物は、量的には少ないができるだけ取り除かないと良い古紙プルプの再現は難しくなる。

一般的には、各種ワイヤーのように比重の高い金属類のものは、比重差により遠心分離などで比較的簡単に取り除けるが、パルプと比重が近いものは分離が難しいため、抄紙中に障害を与えることが懸念される。

抄紙条件の一つとして、往時は1トンのライナを抄くのに約200トンと豊富な水が使われていたが、最近ではその1/10程度で抄造できるようになり、抄紙技術も改善されているとはいえ、できる限りピュアなパルプが望まれるのは当然のことであろう。

2.2.3　リサイクリングと原紙の性能

リサイクリングを繰り返し行うことによって、再生された原紙の性能はどんな変化をするのか、特に最近は既述したように段ボール古紙の回収率が高まっているので、その真相を知りたいのではないかと思われる。

残念ながらこの種の研究データは少ないが、大江氏が発表されたリサイクル回数と各種紙の裂断長との関係についての測定結果を図4-8に示す。

図4-8　リサイクル回数と紙の強さの関係

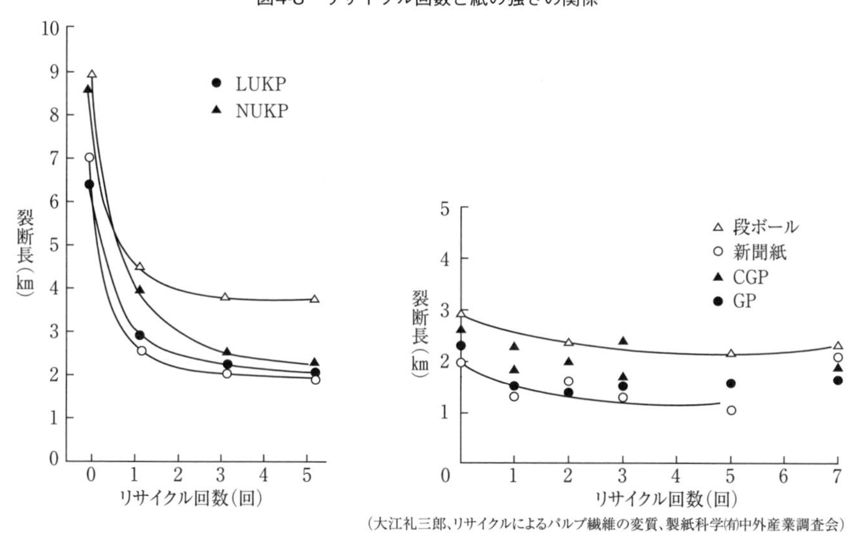

（大江礼三郎、リサイクルによるパルプ繊維の変質、製紙科学㈲中外産業調査会）

予想したように、リサイクリングを重ねるとともにパルプは多少傷つく傾向は感ずるが、それほど大きくはないことが想像される。

もちろん、このデータは紙の性能の一部であるので、一つの傾向として考えるべきではないかと思われる。

2.3 段ボールの森林資源への貢献度

段ボールのリサイクリングについて述べてきたが、それでは段ボールが我が国の森林資源、ひいては環境改善にどれだけ貢献しているか、過去と現在についてごく大雑把に振り返ってみたいと思う。

2.3.1 木箱から段ボールへの転換効果

もう、こんな説明は古過ぎるかもしれないが、この苦難な道を乗り越えてこられた先人方の苦労をしのべば段ボール産業の歴史を飾る一頁だと思われるので、あえてここに取り上げておきたいと思う。

青果物の包装が木箱から段ボール箱へと順次転換されていったが、りんご箱の切り替えは難航していた。

そのりんごの木箱を対象に段ボール箱に切り替えた場合、一体何個の段ボール箱が作れるかを想定して計算で求めてみた。

設定条件として、当時のりんごの保存条件と保存期間から推定し、それに耐えられる箱圧縮強度の段ボール箱を作り、その条件を満たす原紙として、KライナとSCP中しんを使用した場合と、ジュートライナとSCP中しんを使用した場合の二つの組み合わせを決め、作成した段ボール箱の面積から使用原紙の質量に相当する木材の質量を算出した結果を図4-9に示す。

この試算から、りんごの木箱を段ボール箱に変えてKライナとSCP中しん

図4-9　りんご木箱から作れる段ボール箱の数

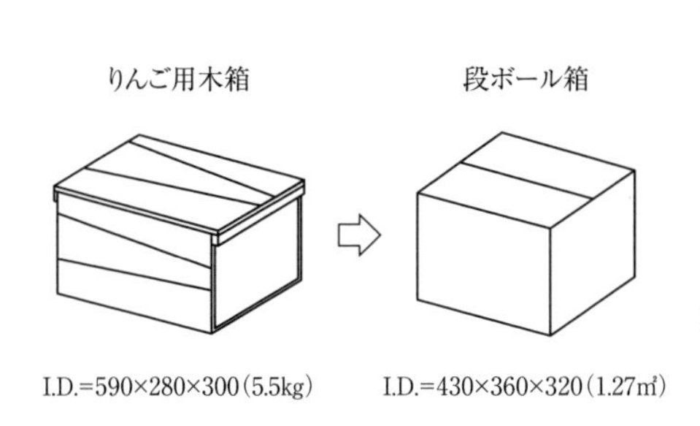

1) K-220 × SCP-125 × 3 × K-220
K-liner = (1.27㎡ × 0.22kg/㎡) × 2 = 0.558kg
Wood = 0.558/ 0.95 (p→p) × 0.6 (w→p) = 0.98kg ……①
SCP = 1.27㎡ × 3.91㎡ × 0.125kg/㎡ = 0.62kg
Wood = 0.62/0.95 × 0.7 = 0.93kg ……②
Total = woodbox/①＋② = 5.5/1.91 = **2.9box**

2) B-200 × SCP-125 × B-200 × SCP-125 × B-200
liner = (1.27㎡ × 0.2kg/㎡) × 3 = 0.761kg
Wood = 0.761 × 0.25/0.95 × 0.6 = 0.33kg ……①
SCP = 1.27㎡ × 2.91㎡ × 0.125 = 0.462kg
Wood = 0,462/0.95 × 0.7 = 0.7kg ……②
Total = woodbox/①＋② = 5.5/1.03 = **5.3box**

を使用すると3個、Jライナと SCP中しんを使用すると5個の箱を作るができ、大きな木材愛護になることが分かる。

2.3.2　リサイクリングによる森林資源の貢献

我が国の森林資源は、終戦直後の復活のため乱伐され急激に荒廃し、惨めな惨状を呈していった。

昭和26年には「森林法」の改正などが行われ、国を挙げて森林の重要性が叫ばれて森の愛護が進み、改善が進められてきたように思われる。

木が成長して一人前の成木としてみなされるには木の種類によって異なるが、一般的には広葉樹で約20年、針葉樹では40～50年が必要であり、伐採するまでに大変な労力を必要とするといわれている。

その労力が大変なものらしく林業には人が集まらず、多くの森は枯れた倒木が散乱して惨状を呈しており、台風などで被害を助長する要因の一つにもなっている。

そのような状況の中で段ボールのリサイクリングは森林資源にどんな貢献をしているのだろうか、ごく大雑把に推測してみると図4-10に示すようになると思われる。

作ろうとする紙の種類と木の大きさをどれくらいに想定するかによって差が生ずるが、木の大きさは図に示した程度の成木とすると、古紙1トンで印刷用紙は約20本、クラフトライナは約27本の成木を救済することできるのではないかと類推できる。

2017年に使用された原紙の量は約920万トンであり、その95%が古紙として回収されたとすると約874万トンになるので、この計算法で計算すると約2億3000万本の森林を救ったのではないかと考えられ、段ボールは森林資源の保護に大きな貢献をしていることが理解できる。

図4-10　古紙1トンから立ち木20～27本

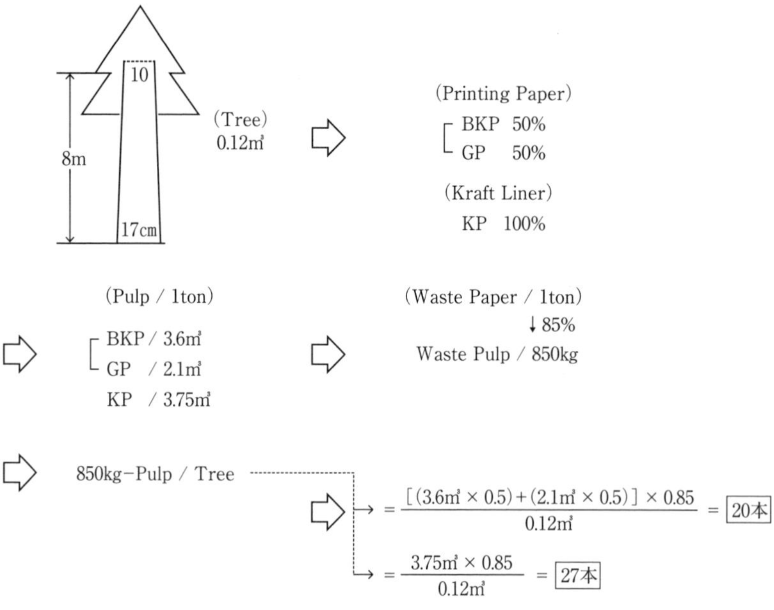

10
8m
17cm
(Tree)
0.12㎥

(Printing Paper)
BKP　50%
GP　50%
(Kraft Liner)
KP　100%

(Pulp / 1ton)
BKP / 3.6㎥
GP / 2.1㎥
KP / 3.75㎥

(Waste Paper / 1ton)
↓85%
Waste Pulp / 850kg

850kg−Pulp / Tree

$$= \frac{[(3.6\text{㎥} \times 0.5) + (2.1\text{㎥} \times 0.5)] \times 0.85}{0.12\text{㎥}} = \boxed{20本}$$

$$= \frac{3.75\text{㎥} \times 0.85}{0.12\text{㎥}} = \boxed{27本}$$

3　0201形箱の封緘

0201形箱が完成すると、二つに折り畳んでユーザーの元に届けられ、そこでまず底フラップを封緘してから商品が詰められ、天フラップの封緘が行われて、初めて箱として完成され目的地に運ばれて行くことになる。

この一連の流れを封緘というが、封緘の方法は包装する内容品の種類や数(単数か複数か)そして包装する場所などによって決まる。

包装するロットが小さい場合の封緘には簡単なハンドリング式の器具が用いられるが、ロットが大きくなると、それに対応できる各種のシステムが開発されており、その活用により成果を上げている。

封緘の果たす役割は重要で、不完全であると箱から商品が飛び出してしまう恐れがあるし、あまり頑丈にするとコストが高くなり開封がやりにくくなってしまうのは当然の理であるが、次に示すことが基本になる。

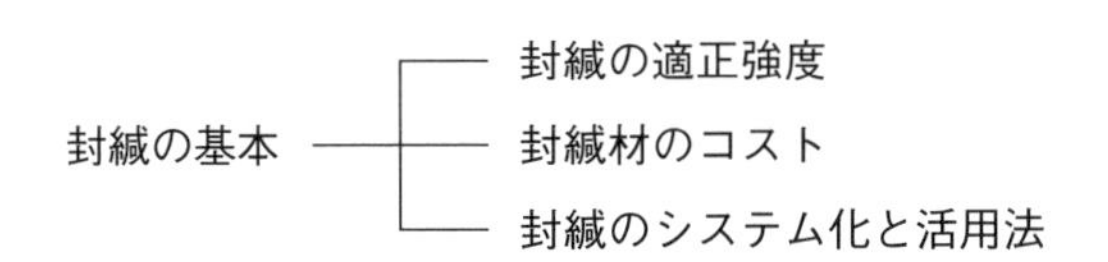

3.1　封緘強度

0201形箱の封緘は、天面と地面は同じ方法で行うのが普通であるが、箱詰めした商品が物流過程で底の抜けるようなことがあってはならないので、どれくらいの圧力で底抜けするのか確認する必要がある。

現在、底抜けの強度やその試験法のJISはないが、レンゴー㈱中央研究所で考えた測定方法について図4-11に示す。

図4-11　段ボール箱の封緘試験

（木製枠）

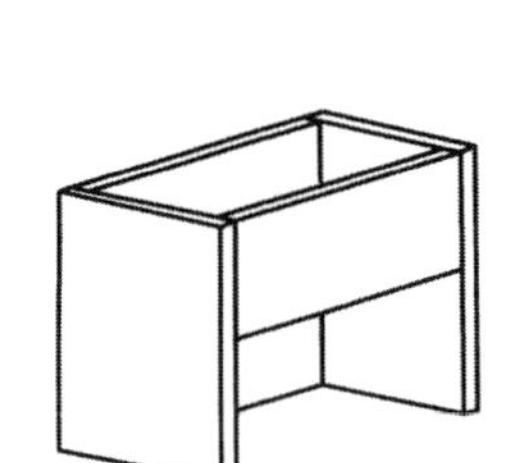

（試験状態断面図）

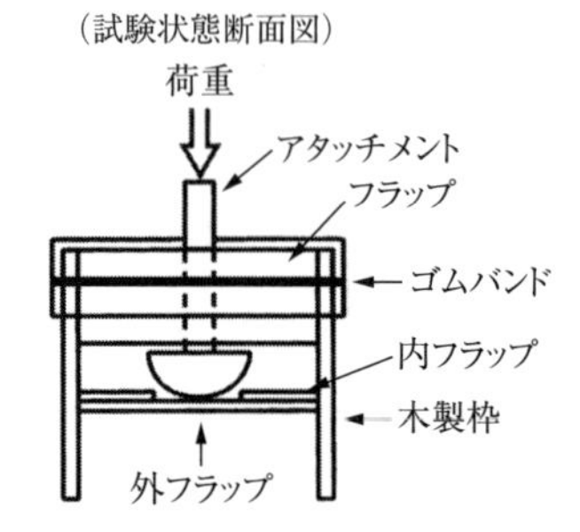

この試験方法は、いちいち測定したい段ボール箱のサイズに合わせて木枠を作らなければという煩わしさはあるが、封緘部の最弱と想定される部分に集中荷重がかかるので、評価できるのではないかと思われる。

この試験方法で測定した底抜け強度を図4-12に示すが、封緘材の種類と封緘方法によって差があることが分かる。

図4-12　封緘強度比較

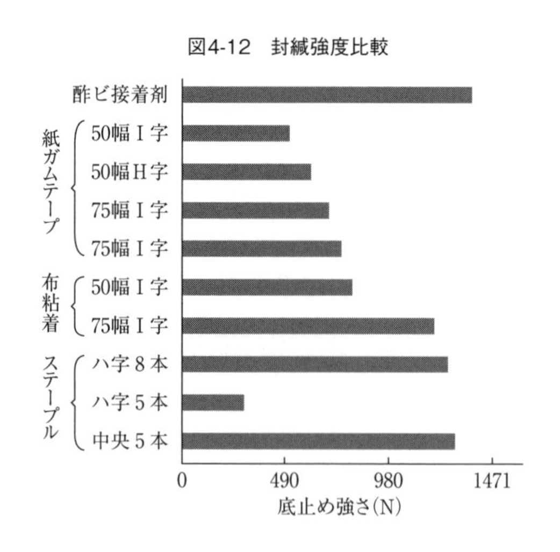

また、同じ封緘材でも使い方によって違いのあることも確認できる。

ユーザーにおいても、この種の測定をされているのは少ないのではないかと思われるが、封緘にかかる費用は少なくないので一度、再検討されることをお勧めしたい。

3.2　封緘コスト

今まで行われてきた封緘は、やや実用的根拠が薄いのではないかと思われる状態で推移してきたのではないか、むしろ安全性に重点を置いてきた傾向が強過ぎるのではないかと推測される。

その結果、封緘にかかるコストはやや高めに推移してきたと考える。

近時、物流の改革も進みラフハンドリングも著しく改善されているし、各種封緘材の性能も改善され、封緘機能の改善も期待できるのではないかと思われる。

ここに、代表的な封緘材と封緘方法を実用した場合に必要なコストの試算方式を図4-13に示す。

図4-13　封緘材の原価計算方式

(封緘材)	(封緘方法)	(原価計算式)
テープ	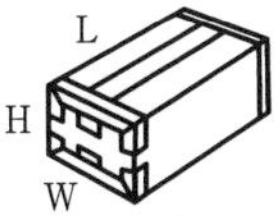 L, H, W	$C = 2(L+2\times64) + 4(W+2\times64) \div 1{,}000 \times Y/m.$ $= (L+2W+384) \div 500 \times Y/m.$
		$C = 2(L+2\times64) \div 1{,}000 \times Y/m.$ $= (L+2+64) \div 500 \times Y/m.$
ステープル	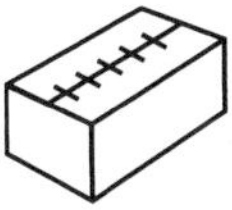	$C = 2 \times N \times Y/unit$
グルー		$C = 2\times2(W\times F/2) \div M^2 \times 100g/M^2 \times Y/kg.$ $= W^2 \div M^2 \times 100g/M^2 \times Y/kg.$
		$C = 2\times2(8\times F) \times g./c.c. \times Y/kg\ (c.c.)$ $= 16 \times W \times g./c.c. \times Y/kg\ (c.c.)$

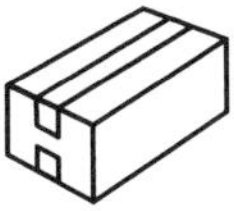

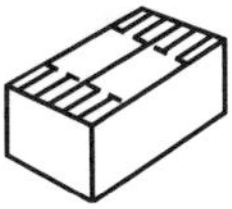

3.3　封緘のシステム化の極限を追求した実用例

近時、社会では盛んに人手不足が叫ばれている中、包装作業の合理化の一手順として包装のシステム化は大いに魅力がある。

現在はシステム化が難しい商品でも、もう一度個装を見直し、標準化を検討することによってシステム化に結び付けることができることもある。

0201形箱の封緘をシステム化した場合の一般的な包装能力を図4-14に示すが、最近では更に性能がアップしていると予想される。

図4-14　封緘方式の性能比較

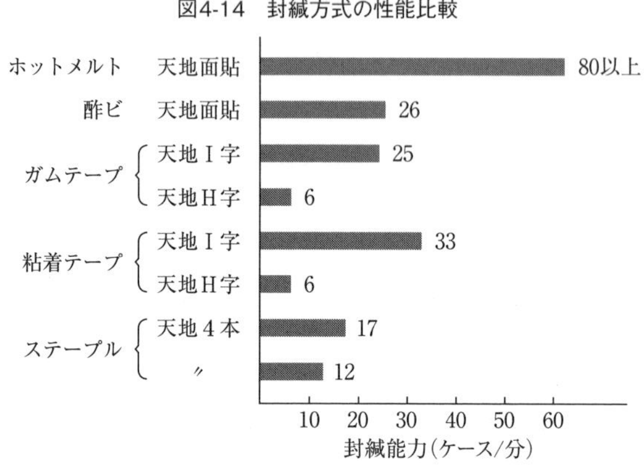

ここにシステム化の具体的な説明をするのは省略するが、その代わりに最近筆者が実際に体験した素晴らしい実例について紹介してみたい。

一昨年の秋、筆者のある友人から0201形の平箱に入れられた写真4-3に示す柿の段ボール箱が届いた。

この贈り物を受け取った瞬間、その美しさに暫し見惚れてしまった。

美しさを称賛した理由は「手掛け穴」が無く「ケアマーク」も無く、テープやボクサーの「封緘材」も無い、無傷の綺麗な段ボール箱だったからである。

加えるに、開封するのにフラップに手を掛けて引き上げると、ほとんど抵抗を感じない程度の力で開けることができ再び驚愕した。

その立役者は、実に巧妙にコントロールされたホットメルト封緘だった。

筆者は、封緘の役割は強いばかりでなく、ユーザーの期待する気持ちを満足させるものに大きく変わってきたことを実感した。

写真4-3　封緘システムを活用した0201形箱

（美しい外観）

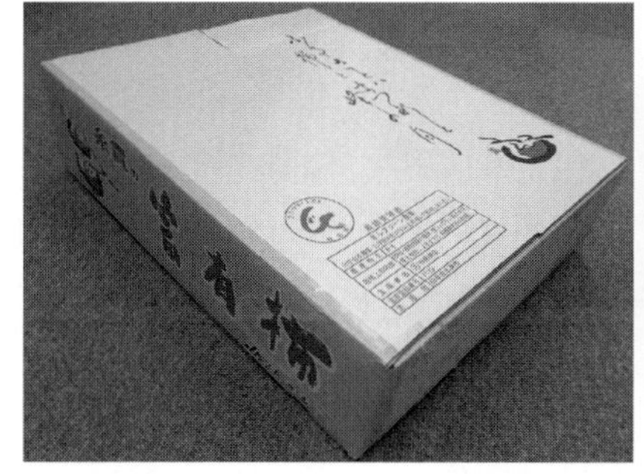

（ホットメルトの巧妙な使い方）

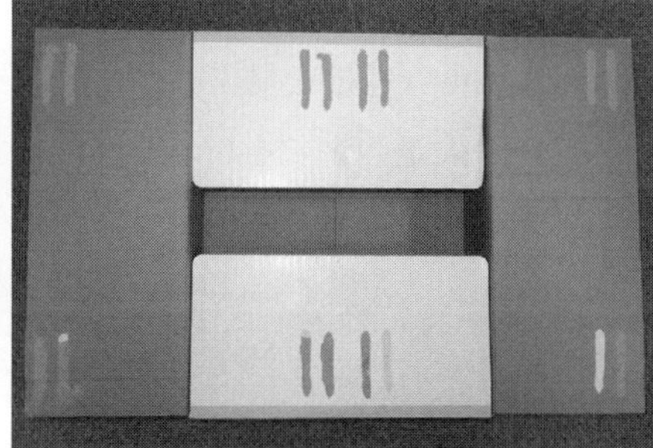

4 段ボール包装のハイウエイを構築したラップラウンドボックス

段ボール箱といえば、誰しもすぐに0201形箱を連想するくらい親しまれてきた代表的な形式であり、段ボール包装の歴史を作ってきた。

1971年（昭和46年）頃には、アメリカでは既に使用され始めていたブリスボックス（JISコードNo.0601～0620）の包装システムの輸入もあったが、日本では本格的な稼働を見ずに消えていった。

当時から大量の需要を持っていたお酒、ビール、コーラ、ジュースなどの液体飲料は全てガラス瓶が使われ、それらの瓶は何本かにまとめられ小型のプラコンに入れられて輸送され、何回も繰り返し使用されるという非常に合理的な包装体系を作り上げており、当然のことながら段ボール箱はお呼びがなかった。

しかし、世の中の需要と供給の関係に少しずつ変化が見られ、個装の材質がガラス瓶から金属缶、特にアルミ缶へと変わり始めたため、段ボール包装が使われるチャンスが巡ってきた。

だが、段ボール箱の王様ともいえる0201形箱は、箱に組み立てた後に商品を入れるという作業が原則であるので、大量かつ高速で生産される商品の包装は極めて難しく、新しい段ボール包装システムが必要となり、そこにラップラウンドボックスが登場することになったといえる。

ラップラウンドボックスは、英語ではwrap around box（略称W.A）で、JISの段ボール箱形式の0401形箱に相当する。

すなわち、従来の段ボール包装の概念である「箱に詰める」から「段ボールで包む」への発想の転換といえる。

そして、その特長は必ずシステムを伴うということであり、その原型を図

図4-15　ラップラウンド包装機

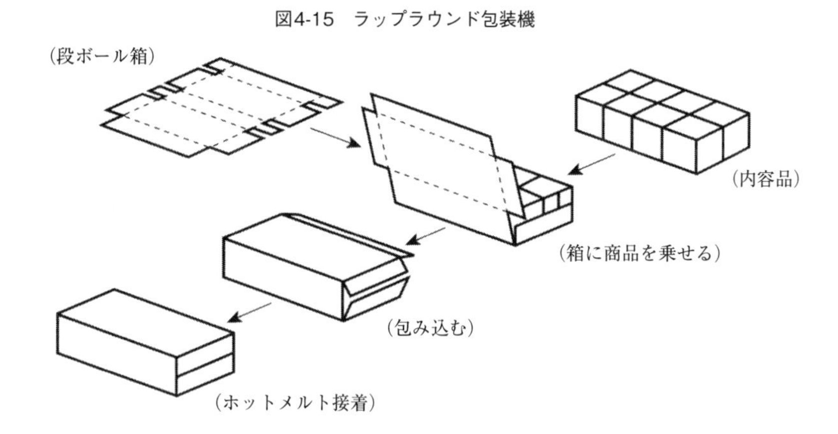

4-15に示す。

しかし、この包装システムはスタートにおいて、けい線強さの規格化と、将来への期待としてのホットメルト接着剤の改善という二つのテーマを抱えていた。

4.1　けい線強さ測定機の開発

筆者がラップラウンドボックス包装技術に取り組み始めたのは昭和30年代初め頃のこと。そのきっかけは当時、コカ・コーラ㈱の製品のほとんどがガラス瓶であったが、一部の製品についてはラップラウンドボックスの包装化が始まっていた。

スタート直後は、納入した段ボール箱が時々システムをジャムアップさせてしまう現象が発生していた。

問題が発生するたびに工場の従業員数名が先方に赴き、継ぎしろ部のけい線を手直しする作業を必要としていたので、レンゴー㈱中央研究所は原因の解明と対策を行った。

ラップラウンドボックス包装システムの基本は、図4-15の示したように両妻面と継ぎしろの5カ所をほとんど同時にホットメルトで瞬間的に接着しなければならないメカニズムになっている。箱は構造的に妻面のフラップには長さもあり、タテけい線になっているので問題ないが、大事な継ぎしろの幅は短くタテけい線になり極めて強い反発力を示すため、接着ができずジャムアップの原因になることが判明した。

このシステムは非常に高速であるため、箱のヨコけい線の入れ方を一つ一つ変えて正確に管理しないといけないが、特に継ぎしろ部のけい線の入れ方は重要であると考え、図4-16に示すような「けい線強さ測定機」を開発して解決を図った。

図4-16　レンゴー式けい線強さ測定機

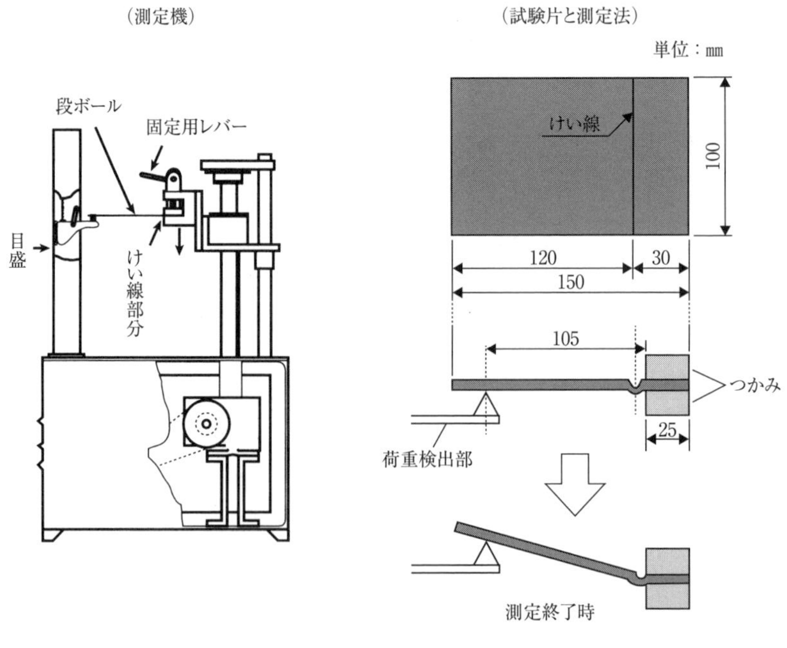

その原理は、ユーザーが使用されているラップラウンドの包装システムが常にスムーズに稼働するには、段ボールメーカーはどの部分にどれくらいのけい線強さがあればよいか確認し、ダイカッターのけい型を調整した上で、打ち抜いた箱のけい線強さを測定し確認して納入すればよいわけである。

その一例を図4-17に示すが、このような方法で各けい線部のけい線強さを「けい線強さ測定機」で品質管理していけば、ユーザーの各種のラップラウンドボックス包装システムに対応することが可能であると考える。

図4-17　ラップラウンドケースの形状とけい線強さの管理基準の例

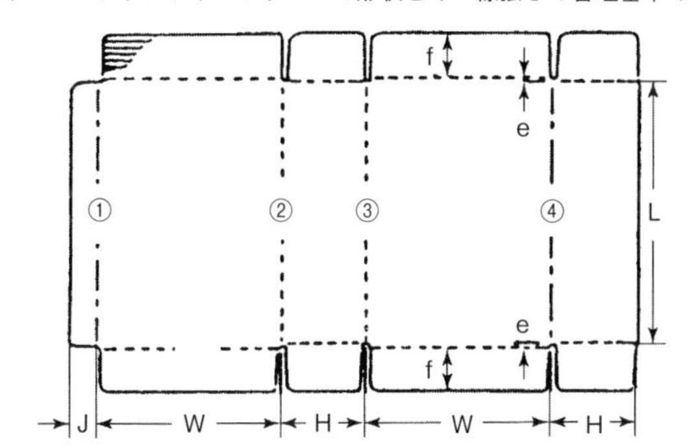

第①けい線	100g以下	強
第②けい線	180g以下	弱
第③けい線	180g以下	弱
第④けい線	150g以下	中
フラップけい⑤	180g以下	弱

（測定はレンゴー式けい圧測定機による）

1973年（昭和48年）我が国で世界に先駆けて開発したコルゲータのカットオフ装置により、プレプリントライナが使用できるようになったことは、特にラップラウンドボックスのようにロットが大きい場合には有効に活用ができるので、ますます効果を発揮するものと想定される。

4.2　ホットメルト接着剤への今後の期待

ラップラウンドボックス包装システムのような超高速のパッケージングシステムには、ホットメルト接着剤は理想的であり、その性能が何ら問題になることはなかった。

しかし、既述したように段ボールをリサイクルした時に除去が難しいホットメルトについて、当時のコカ・コーラ㈱の担当部長は包装に対して造詣が深く心を痛め、水溶性のホットメルトの研究をしようという提案があり某ホットメルトメーカーと共に取り組んだことがあるが、完成は難しく断念したことが思い出される。

成功には至らなかったものの、今から50年以上も前にこんな発想を抱く素晴らしいユーザーと巡り合う機会はごく稀なことで、さすが世界のトップ企業であるという認識を肌で感じた。

現在もこの研究は成功していないが、早くその実現が期待される。

5　青果物の段ボール包装の変遷

我が国の青果物の段ボール包装のスタートは、1958年（昭和33年）青果物段ボール普及会宣言に始まる。

昭和33年といえば、その年の我が国の段ボール生産量は5億㎡にわずか届かなかったという状態であったので、青果物は全て木箱で包装されていた。

最近の青果物はほとんどが段ボール箱に変わり、その使用量は段ボールの全生産量の約11％に達し驚くべき成長を遂げてきたが、それまでには色々な包装技術の変遷があったので振り返ってみたい。

世界中で使用されている青果物の種類はたくさんあるが、我々人間が常食材としているのは、果実が約67種類、野菜が約143種類くらいといわれているが、我が国の主要な果実類は15種類、野菜類は27種類くらいではないかと思われる。

それらの青果物は、生きているので置かれた環境の変化によって極めて敏感に鮮度が変わるが、青果物の種類によってもかなりの差があるということが既に学術的に立証されている。

段ボール箱が水分に弱いことは明白であり、外部からの一時的な水分に対する対策としては本章の初めに記述したように、はっ水加工により効果を示すことが可能であるが、内容物自体が多量の水分を保持している青果物類は箱の内側から多量の水分の浸透が考えられる。段ボール箱は内外からの水分で挟み撃ちにされるため、包装設計に当たってはこの条件を十分に考慮しないと箱が圧壊する恐れがあると考えた。

そこで、まず段ボール箱の含水分と箱の圧縮強度との関係を正確に捉えなければならないと考え、実験を試みた。

5.1　段ボール箱の含水分と箱圧縮強度の関係

一般に紙は、置かれた環境の相対湿度に馴染もうとする性質があり、常に外部からの水分の吸排湿を繰り返し行っているので「紙は生きている」と言われている由縁もそこにある。

段ボールは、100%紙できているので一般の紙と同じ挙動をすると考え、段ボール箱の含水率が置かれた環境の相対湿度と平行状態になるには24時間くらいかかるが、吸湿は早く排湿は少し遅い傾向がある。

ところが、青果物でも特に高含水分のものを段ボール箱の中に入れると、一層早く段ボール箱に浸水される傾向が見られる。

では、段ボール箱の含水率が1%変化すると一体、箱の圧縮強度はどれくらい影響を受けるのだろうかとうことをよく理解しておかないと、正確な段ボール箱の包装設計は難しくなる。

特に青果物に限らず一般の商品でも、梅雨を挟み貯蔵期間が長期にわたる場合は重要と思われる。

そこでそんな不安を取り除くために、使用原紙が異なり、サイズが異なる十数種類の段ボール箱を選び、温湿度条件の異なる三つの環境の中で調湿して準備した段ボール箱を順次、箱圧縮強度と含水分を測定した結果を図4-18に示す（詳細は筆者の著書を参照されたし）。

図4-18　含水率と箱圧縮強さの関係

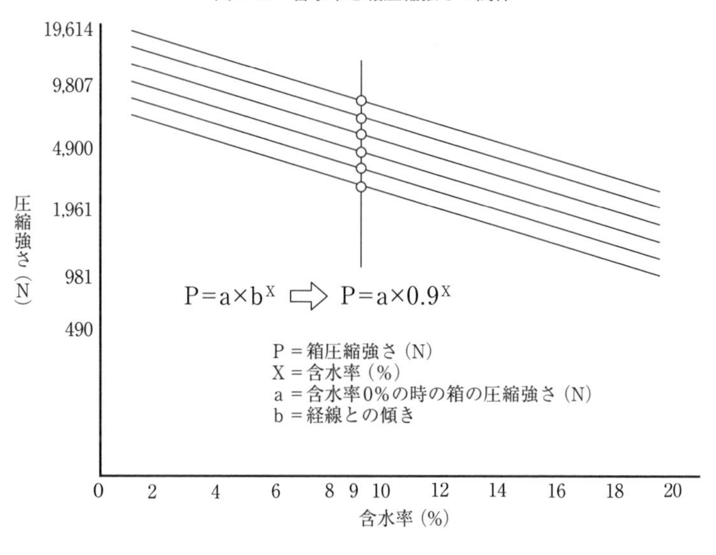

すなわち、どんな段ボール箱でも、含水分が変化すると一定の強度変化をすることが明白であり、次式によって表わすことができる。

$$P = a \times b^{x}$$

ここに、　P：段ボール箱の圧縮強さ（N）
　　　　　a：含水分0%のときの圧縮強さ（N）
　　　　　b：経線との傾き
　　　　　x：試験時の段ボール箱の含水分（%）

この方程式について、bを実測して求めると0.9になるので、次式のように書き替えることができる。

$$P = a \times 0.9^{x}$$

この実験式の正否を確認するために、当時の全農に絶大な協力をお願いして、我々と共にたくさんの青果物段ボール箱の実用直後の箱圧縮強度と含水分を測定し、この式との整合性を照合したした結果、極めて高い精度で一致することが確認できた。

もちろん、この式は青果物のみに限らず、どんな内容品の包装設計にも活用できるが、強いてこの式の欠陥を指摘すれば、べき乗の計算をしなければならないことが面倒なので、レンゴー㈱中央研究所は写真4-4に示す簡易計算尺を作り、セールスマンに渡して段ボール箱包装設計時の活用にその幅を広げた。

写真4-4　含水分変化と箱圧縮強度の換算尺

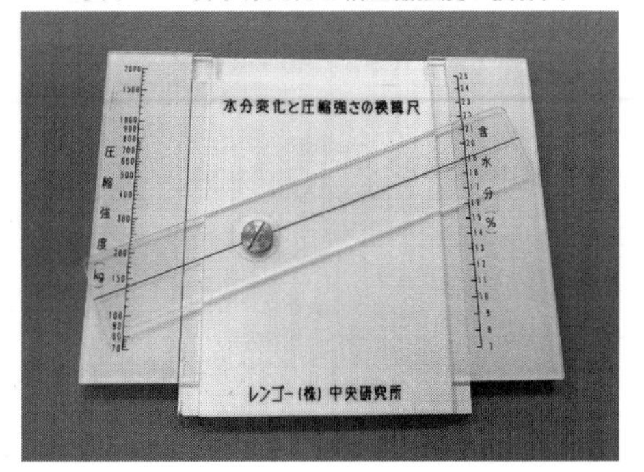

このように、青果物包装の段ボール化の過程で大きな難題を解明することができた。

次に、青果物包装の段ボール化に当たって、もう一つ大きな問題があったことが思い出される。

次々に各産地から大阪の中央市場に送り込まれてきた青果物の段ボール箱は、それらの箱を製造した段ボール工場から着荷状態確認の依頼があり、まだ朝暗いうちに目をこすりながら中央市場通いをした数は数え切れないほどに上った。

それらの着荷状態のほとんどは異常なかったが、ごく稀に胴膨れし始めた段ボール箱が散見され、直ちに担当工場に連絡したことが思い出される。

その発生原因は明白であり、木製のパレットからオーバーハングして積載された段ボール箱のみであり、特にコーナーに置かれた箱は惨状を呈していたこともあった。

この問題発生の原因については、専門的な立場から見れば至極当然の理であったが、まだ段ボール包装の知識に乏しかった当初のことでもあり、ほのかに木箱使用時の残像もあったのではないかと連想しつつ、担当者に図4-19の説明をした記憶がある。

図4-19　オーバーハングの長さの影響

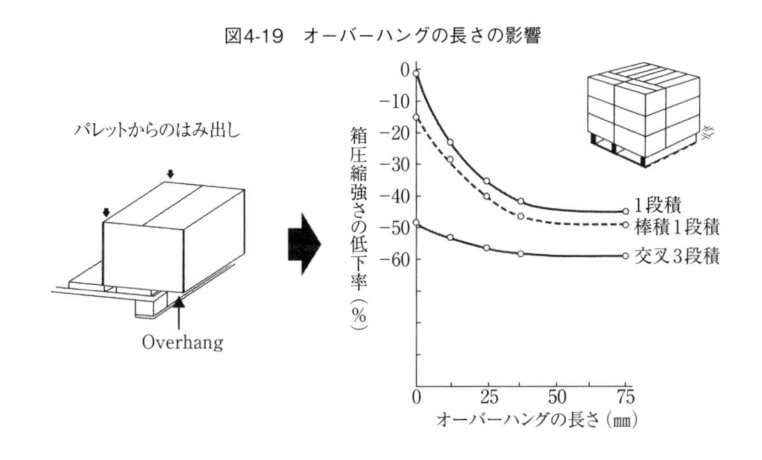

このような体験を味わいながら、単に段ボールの知識だけでなく物流の知識も咀嚼（そしゃく）しながら、段ボール包装としてのあるべき姿を変えていった。

5.2　アメリカのサンキスト工場訪問

レモンでは世界的に有名なサンキストの工場は、ロサンゼルスから約40マイル離れたポモナにある素晴らしい工場だったので紹介しておきたい。

この工場の見学のきっかけは、第3章の末尾に既述した1963年欧米包装状況視察団に参加した折に、見学の対象になっていたことにより実現したものである。

当工場は、付近に大規模なレモンの農園を持ち、その地域はレモンの栽培に適した天候に恵まれており、年間を通して収穫できるといわれていた。

農園で収穫されたレモンは、一定の大きさになると収穫されて所定の木箱に入れられ工場に集荷されてくるが、まだ真っ青な状態であり、まずそれらは114°Fに加熱されたソーダ灰溶液の中を通過させて、レモンに付着しているゴミや不純物が取り除かれ、更に温水中で洗浄された後に手際よく熟成度に応じて色別されるが、未熟な物は木箱に戻し再貯蔵され熟度が観察される仕組みになっていた。

熟成が進み、あの美しい黄色になったレモンはコンベヤーで流されながら、パラフィンワックスがスプレーされてレモンの表面のシワが伸ばされた後、特殊な印刷機で1個1個にSunkistの社名が印刷され、自動包装機に連結されて大きさが選別され、段ボール箱で包装される。

見学して特に感じた点は、同社ではまず色別による熟度が優先され、次に大きさを区分するということであった。

更に驚くべきことは、工場内にゴルゲータと印刷機が稼働しており、工場で使用する段ボール箱の全てを賄っていたことであった。

さすがにアメリカのトップ企業のスケールの偉大性を感ずるとともに、段ボール企業としての不安も浮かび上がり、暫し複雑な気持ちに襲われた。

5.3　輸入バナナの包装設計の体験

日本ではバナナの本格的な生産は行われていないのに、バナナの段ボール箱の包装設計をするのか、筆者自身も不思議な出会いであったと思う。

この話は、1970年（昭和45年）の秋に日本の某商社からレンゴー㈱へ輸入用のバナナの段ボール箱を作ってみてはどうかという話が持ち込まれた。

その話の詳細は、当時フィリピンから大量のバナナが船便で我が国に輸入されていたが、帰りは空便で帰っていたのが通例であり、もったいないことであるから、その船に日本で作った段ボール箱を積んで帰れば非常に効率的ではないかという素晴らしい発想であったので、筆者も胸を揺さ振られた。

しかし、バナナの包装は数ある果物の中でも最も難しいもの一つであると言われていたので、包装設計に当たっては物流条件の正確な把握が必要なことを痛感した。

難しい条件とは、フィリピンから日本まではかなりの長旅になるので、その間に起きる船のローリングやピッチングはどの程度あるのか、また赤道を通過するので温湿度の変化がどのようになるのか、結露も当然考える必要があるのではないか、そんな中でバナナはどんな影響があるのかなど、いくつかの難題が浮かんできた。

当時このようなデータは極めて貧弱であったので、商社にお願いして先方のユーザーを訪問してお尋ねすることにし、12月6日に4名でフィリピンに向けて出発した。

5.3.1　バナナ農園と集荷包装の視察

マニラを経てミンダナオ島のダバオに行き、ダバオの近くにあるゼネラル・サントスのバナナ農園でバナナの収穫状態を視察した後、集荷場に集められたバナナの包装作業を長時間掛けて詳細に見学したが、この時点でのバナナの状態はまだ真っ青で非常に硬く、バナナ同士を叩くとちょうど硬い木の枝を叩くのと同じような音を感じて驚いた。

そんな状態のバナナを若い女性は非常に手際よく重量調整をしながら段ボール箱に詰めていたのが印象的である。

その時の作業場の室温は12月なのに30℃を超えており、我々は汗だくであたかも日本の夏の気配を感じて驚いた。

ところが、この暑さがバナナの生育に好結果をもたらす大きな要因の一つであることと、もう一つはほとんど毎日のように襲来するシャワーにより一層成熟が加速されるとことを知った。

ちなみに、参考までにマニラと東京の年間の気温と降雨量を比較して図4-20に示す。

図4-20　フィリピンと日本の気象比較

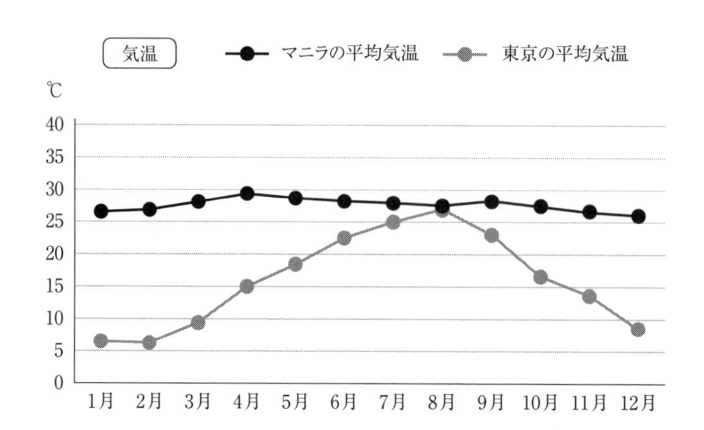

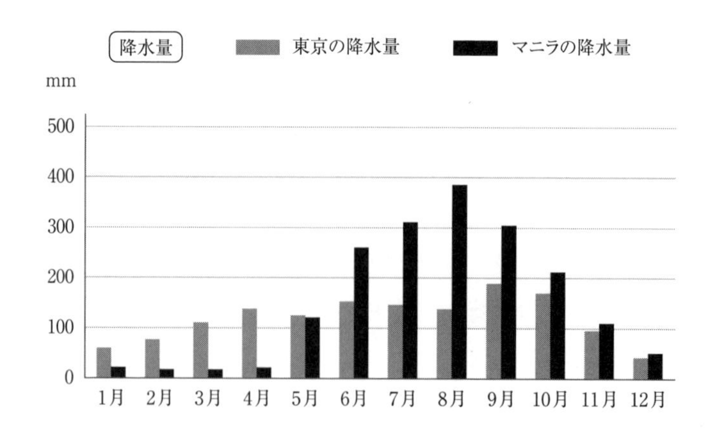

このように、年間を通しての日照りとスコール、そして更に恵まれた大地との恩恵を受けて、約3m間隔に植えられたバナナの苗は、わずか3年で成木に成長し豊かな収穫をもたらすということを学んだ。

5.3.2　輸入バナナの段ボール箱の包装設計の体験

各種の調査を終え、ユーザーの本社があるマニラに戻り包装設計の打ち合わせを行った。

最初、ユーザーの社長と幹部の方々数人と我々を交えてスタートしたが、途中で社長から筆者と二人だけで包装設計の話をしたいので全員席を外してくれとの意向が出され、通訳なしに2時間ほどの打ち合わせを行った（内容については省略する）。

最後に、社長から包装案を尋ねられたので、社長から伺った物流条件を基に次のような回答を行った。

まず、箱の形式を決め、その箱の圧縮強度に必要な安全率が何倍必要であるかを決めて箱圧縮強度を算出し、その値を満足する使用ライナと中しんを決め、それらの原紙には結露が予想されるので耐水加工を行い、当然ではあるが耐水性の接着剤を使用した段ボール箱を作るという提案をした。

「あえて実際の数値は用いず、抽象的な表現とした」

社長はこの提案を了承されたので、営業に見積もりを要請し受注に成功し、真夏の国フィリピンを後にした。

受注に成功した後、我が国の港に着くフィリピンからのバナナの船の帰り便には、その近隣にあるレンゴー㈱の工場で作られた段ボール箱がいつも満載されていた状態が数年もの間続いた。

こんなに大きい包装設計のプロジェクトを体験したのは、後にも先にも無かったことであるので紹介した。

6 青果物の鮮度保持技法の変遷

1970年（昭和45年）頃、青果物の鮮度保持ということの重要性が世間の大きな話題となっていた。

その頃の段ボール業界は、青果物の木箱から段ボール箱への転換が比較的順調に推移しつつあったこともあり、段ボール包装の新しい技術の展開を模索していた。

世間では、日持ちの短い青果物、とりわけ果物の日持ちがもう少し伸ばせないか、もしそれが実現できれば、廃棄処分量が減って市場価格の安定化にも好結果をもたらすのではないかという期待もあった。

またその頃、市場には各種の防水段ボールが開発され実用化されていたこともあり、それらの技術を青果物の鮮度保持に結び付けられないかという期待も高まっていた。

当時、意欲的な段ボールメーカー各社では、いくつかの鮮度保持包装技法の開発、研究が進められていたが、それらを大別すると次の二つに分けられるのではないかと思われる。

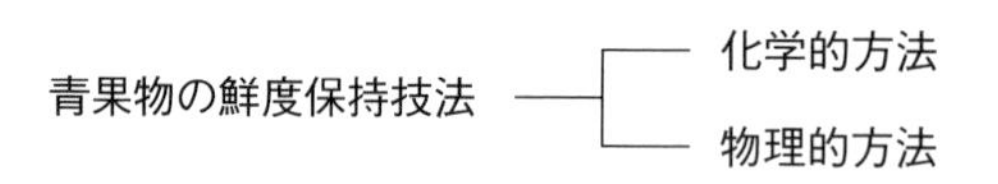

化学的方法とは、青果物が生育するのに必要なホルモン、主としてエチレンがその主役といわれているので、貯蔵中に発生するエチレンを取り除いてやれば、生育が遅れるので鮮度が保たれるという技法である。物理的な方法とは、エチレンの発生を少なくするために物流過程中での温度を全て一定に

保ち、青果物の温度を低くするという技法といえる。

以下に、二つの青果物の鮮度保持技法について、当時の推進状態の概要を回顧してみたい。

6.1　化学的技法による鮮度保持

当時、レンゴー㈱中央研究所では青果物の鮮度保持の研究を進めており、既にいくつかの果樹については本格的な実用試験の段階に入っていた。

鮮度保持の開発についての思想は、あくまでもユーザーが一般の段ボール箱に商品を入れるのと同じように包装作業ができるという考え方の下で進めてきた。

それ故に、プラスチックの袋などは包装作業が面倒になるので使わず、段ボールに使用するライナに特殊な加工を施すことを考え、例えばポリエチレンを主体とするプラスチックをラミネートして防湿性をコントロールするようにした特殊なライナを開発して用いた。

その理由は、この種の段ボールはJISの遮水段ボールに属するが、鮮度保持をするためには水分のコントロールよりも、むしろ酸素の量をコントロールすることが重要であり、青果物が生育するために発生するエチレンガスをできるだけ少なくするためである。

このように段ボール箱内の環境を一定に保ち、そこに発生したエチレンガス取り除くための吸着剤として活性炭を使用したが、その活性炭の種類は、青果物の種類によっていくつか性能の異なるものを武田薬品工業㈱に開発していただいて対応した。

例えば、エチレンガスのみを選択的に効率よく吸着するものや、吸着したエチレンを化学的に分解してしまう特殊な活性炭などであった。

そして、これらの活性炭の種類の使い分けと使用量、および段ボール箱内のどの辺りに置けば効果的であるかなどの検討も行った。

この研究の経緯について、ここに記載するにはあまりにも多くの誌面を必要とするため省略するが、その当時としては包装業界に大きな反響を呼んだのではないかと思われる。

青果物の鮮度保持技法の研究結果については、JPI（日本包装技術協会）の「包装技術」をはじめいくつかの文献に投稿したり、また多くの講演会などの依頼もあったりしたことが思い出される。

そして、1977年（昭和52年）にはJPIに新設された第1回「木下賞」を受賞したこともあり一層評価を高め、海外からの問い合わせや試験依頼が増え、アメリカのサクランボを日本に輸入する試験輸送を何度も行い好評を博した。

また、1986年（昭和61年）の春には中国の包装技術協会からJPIを通しての依頼で、筆者を名指しされ北京で講演会を行うことになり、JPIの楠田専務理事とご一緒した時のことについて触れてみたい。

講演は、当初は日本語で行い中国語に通訳していただくことになっていたが、予定日の数日前に英語でやるように変更されたので、相当なエリートの方々が聴講されるのではないかと思いを巡らしたりして臨んだ。

当日の参加者は200人余り、かなりの賑わいでOHPを使い説明を進めたが、途中でエチレンガス吸着剤のサンプルを30個ほど持参していたので、それを後列の方々に順次回していただくように依頼したものの叶わず。最前列の方がポケットにしまい込んで回覧できなかったことで説明に戸惑ったが、これが中国人気質なのかと驚嘆した。

大した質問もないうちに講演は終わり、二十数名の方々が名刺交換を望まれたので実施したが、それらの方々は日本の有名大学を卒業されており、日本語が堪能だったのに驚嘆するとともに深い親しみを覚えた。

講演会終了後、通産大臣主催による晩餐会をかの有名な人民大会堂で開き、500名超の方が参加され盛大な歓迎を受け感激した。

裏返せば、当時の中国でも食品の包装に深い関心を持っていたかということを垣間見たような気がした。

最後に、楠田専務理事が謝礼の挨拶をされ、両国の包装技術関係はますます深まりを増したという印象を深めた。

6.2　物理的技法による鮮度保持

この方法は「コールド・チェーン・システム」とも呼ばれ、生鮮食料品を冷凍・冷蔵・低温の状態に保ちながら生産者から消費者に届ける輸送・保管の一貫した体系、低温流通体系のことである。

ここで果たす包装の役割は極めて重要であり、低温に保つ媒体としては当時、まだ低温下の技術があまり進んでいなかったために主として氷が用いられており、耐水段ボール箱が必要であった。

その当時、既にアメリカではこの雄大な「コールド・チェーン・システム」が実働していたので、その概況を回顧してみたい。

アメリカの農業は雄大であり、青果物はカリフォルニアとかフロリダなどの温暖な地域で大量生産され、それらをニューヨークとかシカゴなどの大消費地に送り込まれていたが、輸送に3、4日かかるため鮮度が低下してしまう恐れがあり、そこで登場したのが「コールド・チェーン・システム」であった。

農園で収穫された青果物は、包装に先立ちまず氷水の中に入れられ一定の温度まで冷却されるが、これを「ハイドロ・クール・システム」と呼んでおり、それを耐水段ボール箱の中に米粒くらいの大きさに綺麗に粉砕された砕氷と一緒に詰められた後に冷凍トレーラー、あるいは冷凍貨車で運ばれて行く状況をつぶさに観察した。

そして、ニューヨークやシカゴの中央市場まで追跡してみたが、着荷状態は生産地を出荷した時の状態とほとんど変化していなかったことを確認することができた。

使用されていた耐水段ボール箱は、生産地の付近にある段ボールメーカーで作られたものだったが、その製造方法は数十枚の段ボール箱を鉄製の篭の中に入れ大きな溶融ワックス槽に一挙に漬けて作るバッチ方式と、溶融ワックスを小さな滝のように落とした中を0201形の段ボール箱を立ててワックスが段の間に入りやすい状態にして1個1個チェーンコンベヤーで通過させて連続的に作る「カスケード」方式などが使用されていた。

また最近では、我が国の冷凍技術が著しい発展を遂げ、特に急速冷凍技術は生鮮食品の保存に素晴らしい成果を上げているので、従来のように段ボール包装のみで対応するのではなく物流全体をよく見極めて対応を考えることが大事ではないかと私考される。

著者略歴

大正15年	前橋市生まれ
昭和15年	群馬県庁就職
昭和19年	文部省試行高等専門学校入学資格検定試験合格
昭和23年	桐生工業専門学校（現群馬大学）卒業
	花王油脂株式会社（現花王㈱）入社
昭和29年	大和紙器株式会社入社
昭和36年	レンゴー株式会社（当時、聯合紙器㈱）入社
	中央研究所所長、包装技術部長、中央研究所理事などを歴任
昭和43年	技術士（経営工学部門）試験に合格
昭和52年	第1回木下賞受賞
昭和59年	通商産業大臣賞受賞（工業標準化事業に貢献した功労による）
昭和62年	藍綬褒章受章（工業標準化事業に貢献した功労による）
平成 3年	五十嵐技術士事務所を開設

主な役職

大阪包装懇話会顧問
日本包装技術協会関西支部参与
技術士包装物流会特別理事
月刊「カートン&ボックス」（日報ビジネス）編集委員

主な著書

昭和35年	段ボールの技術（Ⅰ）	共著（日報）
昭和38年	段ボールの技術（Ⅱ）	共著（日報）
昭和38年	段ボールの基礎知識	（日報）
昭和40年	包装用語辞典	（日報）
昭和41年	段ボールの技術（Ⅲ）	共著（日報）
昭和46年	段ボール用語辞典（Ⅰ～Ⅲ）	
	包装用語辞典	共著（日刊工業新聞社）
昭和57年	実用包装用語辞典	共著
昭和60年	段ボール包装技術入門（1～5）	（日報）
平成 8年	段ボール包装技術実務編	（日報出版）
平成10年	段ボール技術ハンドブック	（日報出版）
平成12年	段ボール包装技術入門（6）	（日報出版）
平成13年	輸送工業包装の技術	共著（フジテクノシステム）
平成14年	新版 段ボール製造・包装技術 実務編	（日報出版）
平成19年	段ボール工場の品質管理	（日報出版）
平成20年	段ボール包装技術入門（7）	（日報出版）
平成22年	段ボール包装技術 実務編（3）	（日報アイ・ビー）
平成28年	段ボール箱圧縮強さの解析と実務	（クリエイト日報 出版部）

JISを背景とした段ボール包装の変遷

2020年11月30日　第1刷発行
定価　本体2,800円＋税

著　者　五十嵐清一
発行者　河村勝志
発　行　株式会社クリエイト日報 出版部
編　集　日報ビジネス株式会社
東京　〒101-0061　東京都千代田区神田三崎町3-1-5
電話　03-3262-3465（代）
大阪　〒541-0054　大阪府大阪市中央区南本町1-5-11
電話　06-6262-2401（代）
印刷所　岡本印刷株式会社